乔杰　巨德辉·主编

服饰配色与
CorelDRAW设计

U0384027

化学工业出版社

·北京·

CorelDRAW软件是一款常用的矢量设计软件，操作简单，素材丰富，可以进行各种颜色和面料纹理的模拟和表现。

本书以服饰配色设计为主，讲解色彩的基本搭配原理和方法，展现设计元素与技巧，同时，结合软件的操作介绍了软件的特点、使用方法以及操作技巧。

本书适宜从事服饰设计的专业人员参考。

图书在版编目（CIP）数据

服饰配色与CorelDRAW设计/乔杰，巨德辉主编. —北京：化学工业出版社，2018.3
ISBN 978-7-122-31425-3

Ⅰ.①服… Ⅱ.①乔…②巨… Ⅲ.①服装色彩–色彩学 Ⅳ.①TS941.11

中国版本图书馆CIP数据核字（2018）第013606号

责任编辑：邢　涛　　　　　　　　　　文字编辑：谢蓉蓉
责任校对：宋　玮　　　　　　　　　　装帧设计：韩　飞

出版发行：化学工业出版社（北京市东城区青年湖南街13号　邮政编码100011）
印　　装：北京瑞禾彩色印刷有限公司
710mm×1000mm　1/16　印张11¼　字数182千字　2018年3月北京第1版第1次印刷

购书咨询：010-64518888（传真：010-64519686）　售后服务：010-64518899
网　　址：http://www.cip.com.cn
凡购买本书，如有缺损质量问题，本社销售中心负责调换。

定　　价：59.00元

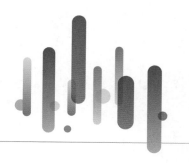

前言

运用计算机软件进行服装色彩搭配转换的练习，配色速度快捷明了，变更或修改方便。软件绘制效果在制作时间、表现效果、结果修改等具体处理和使用方法更具有独特的操作性和表现力。常用的软件有Photoshop、CorelDRAW、Illustrator、Painter等。软件中的色表色彩丰富，每块颜色都有数值标注，方便做各种色彩的组合，还可以模拟面料纹理进行综合色彩搭配练习。

CorelDRAW软件是一款常用的矢量图软件，完成的图形可任意放大缩小，色彩以CMYK印刷色彩方式输出，能够达到印刷要求。在计算机上采用CorelDRAW软件绘制，随时随地进行色彩修正，速度快效果直观，有效节省教学成本。

服饰设计展现的要素之一就是服饰色彩的设计及色彩合理搭配，本书主要是以服饰配色设计为主，讲解服饰色彩的基础搭配原理和具体的实践操作步骤，分别讲解色彩理论基础、服饰色彩对比调和搭配技巧、色彩感觉与服饰配色技巧、色彩的联想与服饰配色设计、服装设计风格与主题配色设计，从色彩的基础理论研究到服饰及配件的色彩搭配方法分析，以应用为主线进行深入探讨，通过图稿与文字解说展现出服饰配色搭配的各种设计效果及具体的实践方法。

本书由乔杰、巨德辉担任主编，王玮、杨琳、戚立担任副主编，参加编写工作的还有李尚婕、魏芳、张妍、燕云、乔羽、才睿、曾静鑫、魏佳宝、郑惠文、闫欣、孟郝轶、宋治慧、张涵钰、修蕾恒、臧雪莉、曲芮宣、张美臻、韩丹、李之璇、刘坤、任阳阳、张雅倩、成玥宁、张晓敏、宋子静、屈昕、郝颖异、曹文文、赵佳乐、党晓蕾、张珊、张群芳、李涵、曲芮萱、梅铧文、曹子益、王宇轩、王春、赵雪嫣、赫博文、刘天宇、刘圳、董岩、肖逸夫、杨森、马腾飞、刘子祺。

由于编者水平有限，书中难免有疏漏和不妥之处，欢迎读者批评指正。

编　者

2017年11月

目录

第一章
［色彩理论基础］

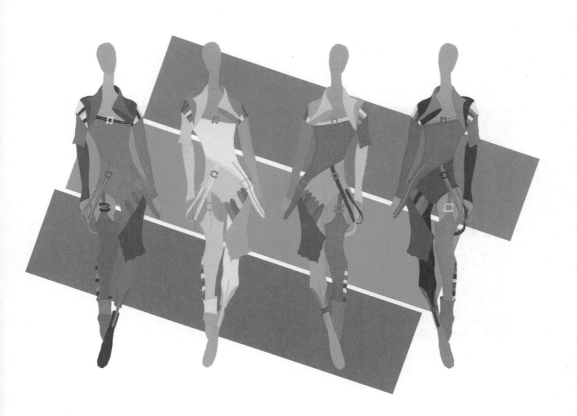

一、光与色

　　自然界的山川河流、树木花草等色彩极其丰富，随着季节的变迁、时间的推移会产生出不同的色彩变化。人类对色彩的感知与有意识地应用色彩是从原始人用固体或液体颜料涂抹面部与躯干上开始的。科学的色彩学研究是在17世纪60年代，牛顿通过日光棱镜折射实验得出白光是由不同颜色的光线混合而成的，至此颜色的本质才得到科学的认识。色彩从根本上说是光的一种表现形式，分为物体色（包括颜料色）和光色。物体的色彩，是由于其吸收和反射光线被我们的眼睛感受到的光波而获得，分别以各自的色相——色彩的相貌、明度——色彩的明亮程度、纯度——色的饱和程度，呈现于现实世界之中；光一般指能引起视觉的电磁波，即所谓"可见光"，它的波长范围约在红光的0.77微米到紫光的0.39微米之间。在这个范围内，不同波长的光可以引起人眼不同的颜色感觉，因此，不同的光源便有不同的颜色。图1-1色彩的发生，是光对人的视觉和大脑发生作用的结果，是一种视知觉。色彩之所以成为可视的信息是由于物体对光的反射、透射和吸收，刺激了人的视觉，产生色的感觉。所以固有色、光源色与环境色是形成色彩关系的三个因素，它们相互作用和影响，形成一个完整的物体色彩。

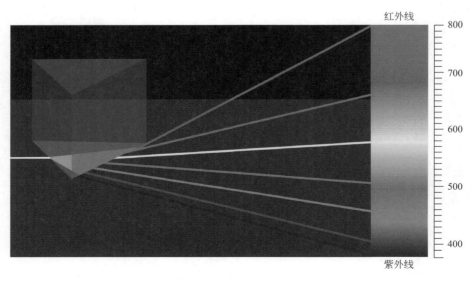

图1-1　光谱与色彩

二、色彩的特征

1.色彩分类

我们在自然界所见到的颜色，分为两大系统：一是由光谱仪分析出来的红、橙、黄、绿、青、蓝、紫为基础（以及各色相的变化色彩）的有彩色系；一是光谱中不存在的黑、白、灰（实际中存在的色彩）组成的无彩色系。两者之间共同的特征是都具有明度，而它们最大的区别特征是，有彩色系除了明度以外，具有色相和纯度的变化，而无彩色系不存在色相和纯度的变化，只有黑、白、灰明度问题（图1-2）。

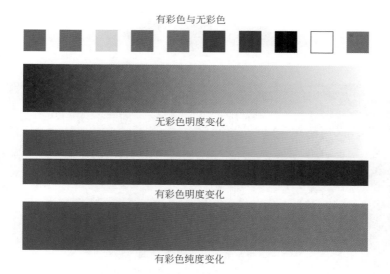

有彩色与无彩色

无彩色明度变化

有彩色明度变化

有彩色纯度变化

图1-2　彩色及其明度和纯度变化

2.色彩三属性

（1）色相　色彩不同的相貌，是光波水平方向的波长不同决定的。色彩学家把红、橙、黄、绿、蓝、紫等色相以环状形式排列，如果再加上光谱中没有的红紫色，就可以形成一个封闭的环状循环，从而构成色相环。色相环中要尽量把色相距离分割均等，一般以5、6、8个主要色相为基础，进而得出各中间色，分别可做成10、12、16、18、24色相环等。色相环一般均用纯色表示（图1-3）。

(a)色相环

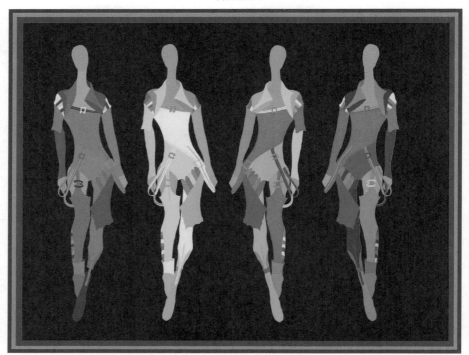

(b)使用示例

图1-3　色相环与使用示例

① CorelDRAW X5界面介绍（图1-4）

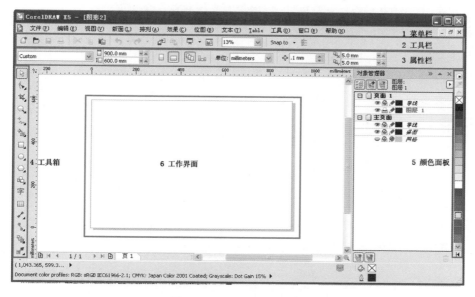

图1-4　CorelDRAW界面

菜单栏：最上面是菜单栏，CorelDRAW软件的所有功能在这个菜单栏中都可以找到。

工具栏：操作时最常用的工具，方便进行绘图制作。

属性栏：选择任何工具以后，相关信息就会显示在属性面板中。

工具箱：绘制操作时工具来自于工具箱中的工具。

颜色面板：绘制出来的图形直接在颜色面板中选择颜色即可。

工作界面：所有操作都要在工作界面进行。

② 色相环制作

a.工具箱中选择椭圆形工具，按住键盘上Ctrl键，在界面上方画正圆（图1-5）。

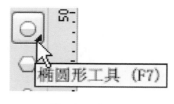

图1-5　画正圆

b.鼠标左键点界面右侧颜色面板中黄色填充，显示Y（黄）含量100%，C（蓝）含量0，M（红）含量0，该黄色为纯色（图1-6）。

图1-6　填充颜色

c.用工具箱中的挑选工具，选择黄色小圆向画面右侧拖拽到达理想位置时同时按住鼠标右键进行复制（图1-7）。

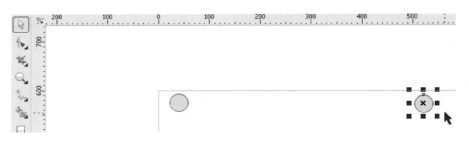

图1-7　复制小圆

d.工具箱中选择交互式调和工具，点选画面左侧黄色正圆，按住拖拽到右侧黄色正圆上（图1-8）。

图1-8　交互式调和工具

e.属性栏中数值框中输入23，回车（图1-9）。

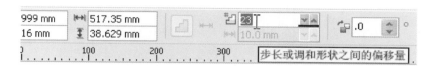

图1-9　输入数字

f.属性栏中点逆时针调和，形成24色相条（图1-10）。

图1-10　逆时针调和

g.工具箱中选择椭圆工具画大圆（图1-11）。

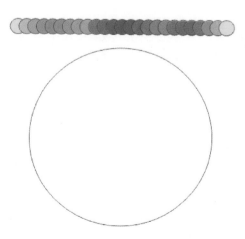

图1-11　画大圆

h.属性栏中点转换曲线按钮，大圆上的节点由一个变成四个（图1-12）。

图1-12　转换曲线按钮

i.工具箱中选择形状工具（图1-13）。

j.属性栏中点分割曲线，任选大圆四个节点中一个断开节点（图1-14）。

图1-13　选择形状工具　　　　　　图1-14　分割曲线

k.工具箱中用挑选工具选中图1-15制作的24色相条，属性栏中点路径属性下拉菜单中新路径（图1-15）。

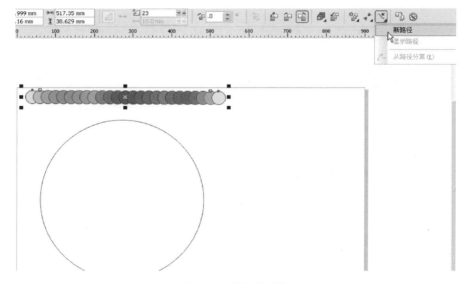

图1-15　选择新路径

l.将指针箭头点到大圆轮廓线上（图1-16）。

m.色相条附着在大圆路径上（图1-17）。

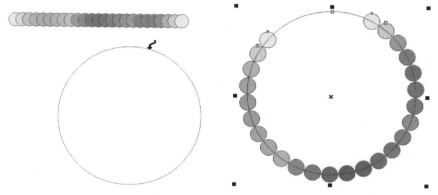

图1-16　将指针箭头点到大圆轮廓线上　　图1-17　色相条附着在大圆路径上

n.属性栏中点杂项调和，在下拉菜单中勾选沿全路径调和及旋转全部对象（图1-18）。

o.鼠标右键点颜色面板上方图标叉，去掉色相环的轮廓线（图1-19）。

p.完成24色相环制作（图1-20）。

图1-18　选择沿全路径调和
及旋转全部对象

图1-19　去掉色相环的轮廓线

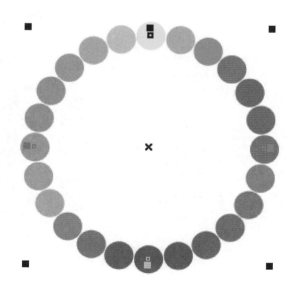

图1-20　完成24色相环制作

（2）明度 色的明暗程度，也可称色的亮度或深浅。它主要由光波的振幅决定。通常视觉对明度变化敏感度要比色相、纯度变化的感受更明显。有彩色中的不同色相在可见光谱上的位置不同，所以被眼睛知觉的程度也不同。若把无彩色的黑、白作为两个极端，在中间根据明度的顺序，等间隔地排列若干个灰色，就成为有关明度阶段的系列，即无彩色明度系列。有彩色与白黑混合可以形成有彩色明度系列（图1-21）。

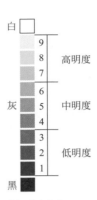

(a)无彩色明度变化

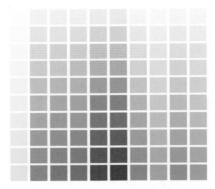

(b)10色相加白明度轴

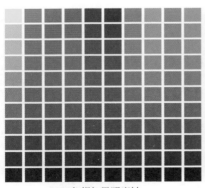

(c)10色相加黑明度轴

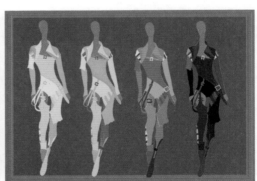

(d)应用范例

图1-21 明度变化

明度色阶制作：

① 工具箱矩形工具，按键盘 Ctrl 键画正方形（图 1-22）。

图 1-22 画正方形

② 工具箱挑选工具，鼠标左键按正方形向下拖拽到达位置时同时按鼠标右键复制正方形（图 1-23）。

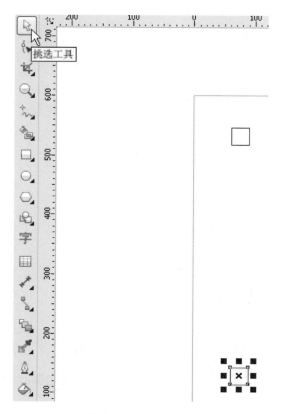

图 1-23 复制正方形

③ 上下分别填充白色和黑色（图1-24）。

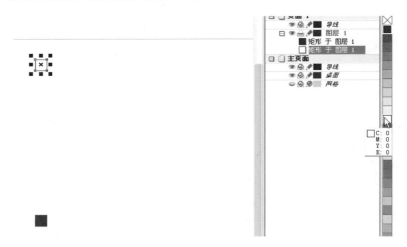

图1-24　填充颜色

④ 工具箱互交调和工具，属性栏偏移量选9，并点选直接调和，完成无彩色明度色阶（图1-25）。

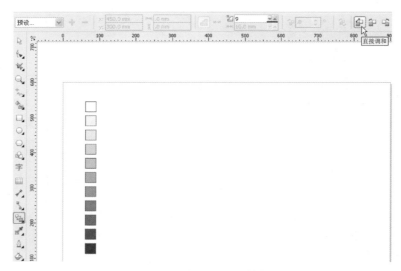

图1-25　完成无彩色明度色阶

⑤ 工具箱挑选工具，选择无彩色色阶拖拽到位置同时按鼠标右键复制，分别在原色阶下面方格和复制的色阶上面方格填充有彩色，完成有彩色色阶制作（图1-26）。

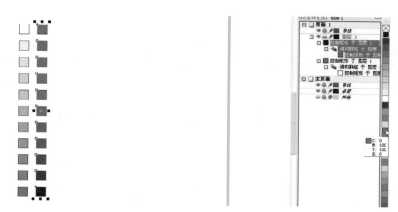

图1-26　完成有彩色色阶制作

（3）纯度　色彩的鲜艳度，指波长的单纯程度。可见光谱中的各种单色光为极限纯度，是最纯的颜色。如果色相环上的一个颜色掺进了其他成分，纯度降低。同一个色相，即使纯度发生了细微的变化，也会立即带来色彩性格的变化（图1-27）。

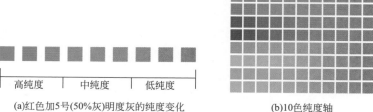

(a)红色加5号(50%灰)明度灰的纯度变化

(b)10色纯度轴

(c)有彩色与无彩色混合形成纯度
变化孟塞尔色相与无彩色明度对应

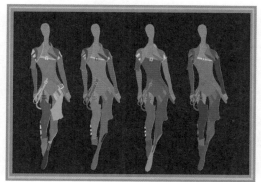

(d)应用范例

图1-27　纯度变化

纯度色阶制作

① 工具箱矩形工具，按Ctrl键画出正方形；工具箱挑选工具拖拽到适当位置时同时按下鼠标右键复制正方形；颜色面板中选50%灰填充第一个正方形（图1-28）。

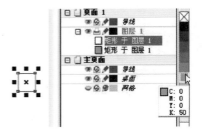

图1-28　填充第一个正方形

② 颜色面板选择100%红色填充第二个正方形（图1-29）。

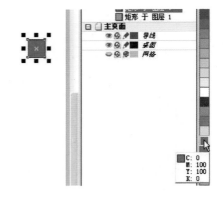

图1-29　填充第二个正方形

③ 工具箱选择互交调和工具，从第一个正方形拖拽到第二个正方形，在属性栏偏移量选8，完成纯度色阶制作（图1-30）。

对于纯度的理解：当纯色混入白色，鲜艳度降低，明度提高；混入黑色，鲜艳度降低，明度变暗；混入明度相同的中性灰时，纯度降低，明度没有改变。以上混合后的结果实际都是色彩的纯度降低了，但是为了区别色彩明度变化与纯度变化带来的相互依赖不同的变化特征，以便于更深入理解色彩的三属性各自的概念及之间的关系，一般理论上只有当纯色混入无彩色中任何灰色时才看成是色彩的纯度变化，也称为浊色。

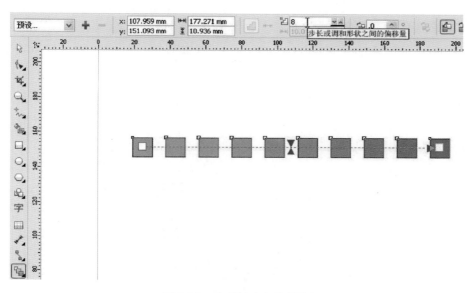

图 1-30　完成纯度色阶制作

　　除波长的单纯程度影响纯度之外，视觉对红色光波的感觉最敏锐，因此纯度显得特别高；而绿色光波感觉相对迟钝，所以绿色相对纯度就低。一个颜色的纯度高并不等于明度就高，即色相的纯度、明度并不成正比。按照美国色彩学家孟谢尔色立体的规定，色相的明度、纯度关系如表1-1所示。

表 1-1　色相的明度、纯度关系

色相	明度	纯度	色相	明度	纯度
红	4	14	蓝绿	5	6
黄橙	6	12	蓝	4	8
黄	8	12	蓝紫	3	12
黄绿	7	10	紫	4	12
绿	5	8	紫红	4	11

　　每个颜色都有着自己的纯度值，要想规定一个划分高、中、低纯度的统一标准是很困难的。这里只能提出一个笼统的办法：如红、蓝绿两色，将它们的纯度色标分别划分为三段，靠近中轴的段内称低纯度色，纯色所在段内称高纯度色，中间部分称中纯度色。如图1-27（a）所示。

　　（4）色相环上有彩色明度与无彩色明度轴的对应关系　由于有彩色中不同的色相在可见光谱上的位置不同，所以被眼睛知觉的程度也不同。黄色处于可见光谱的中心位置，眼睛的知觉度高，色彩的明度也高。紫色处于可见光谱的边缘，振幅虽宽，但波长短，知觉度低，故色彩的明度就低。橙、绿、红、蓝的明度居于黄、紫之间，这些色相依次排列，很自然地显现出明度的秩序。

如图1-31所示为孟谢尔色相环。

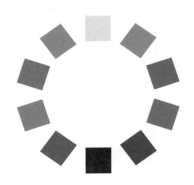

图1-31　孟塞尔色相环

图1-32为孟塞尔色相与无彩色明度对应关系。

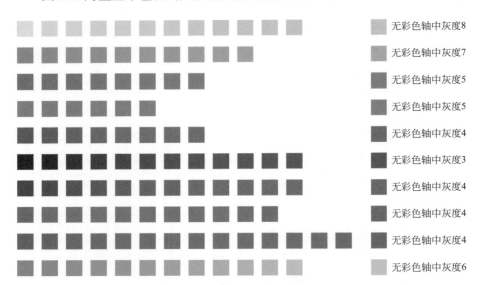

无彩色轴中灰度8
无彩色轴中灰度7
无彩色轴中灰度5
无彩色轴中灰度5
无彩色轴中灰度4
无彩色轴中灰度3
无彩色轴中灰度4
无彩色轴中灰度4
无彩色轴中灰度4
无彩色轴中灰度6

图1-32　孟塞尔色相与无彩色明度对应关系

即便是一个色相，也会有自己的明暗变化，如深红、浅红、淡红等。有彩色在加白时也会提高明度，加黑时会降低明度，所混合出的色可构成各色相的明度序列。

图1-33为孟塞尔色相明度变化。

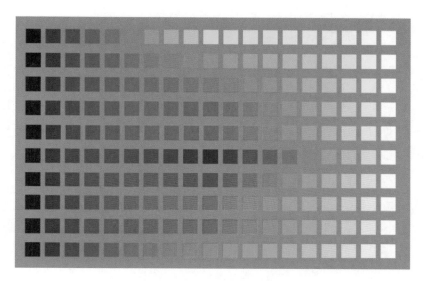

图1-33　孟塞尔色相明度变化

（5）色调　服饰色彩搭配中总体的色彩倾向（图1-34）。

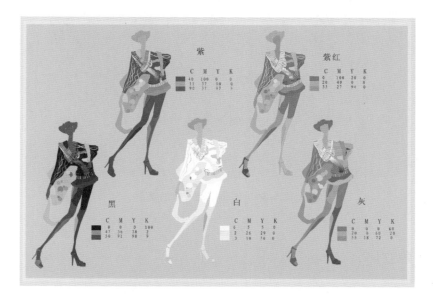

图1-34

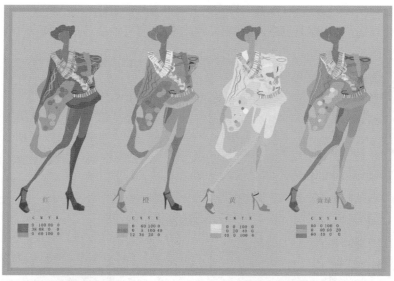

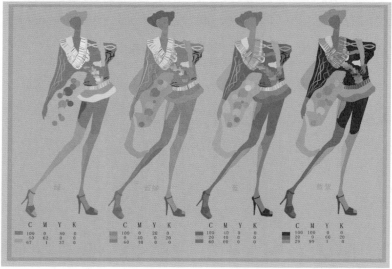

图 1-34　作品范例（宋治慧）

三、色立体

　　色彩按照色彩三属性的关系，有秩序、系统地排列与组合，就可构成具有三维立体的色彩体系，简称色立体。色立体可以让我们更直观、更系统地理解色彩及色彩三属性之间的关系。

现在世界范围内用得较多的有三种色立体，即美国的孟赛尔色立体，德国的奥斯特瓦德色立体，日本色彩研究所的色立体。色立体研究者不同，其理论及表现形式也不相同（图1-35）。

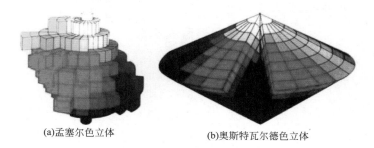

(a)孟塞尔色立体　　　　　　　　(b)奥斯特瓦德色立体

图1-35　色立体

简易且容易理解的色立体构成是将无彩色明度色阶变化作为色立体的中心轴，色相环呈水平状包围着无彩色明度中轴，呈圆形，上面的各色相若与无彩色明度轴水平连接会得到该色相的纯度轴。靠近无彩色明度轴近的为低纯度，离无彩色明度轴越远纯度越高（图1-36）。

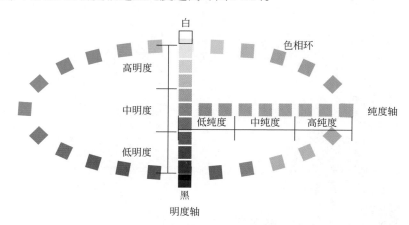

图1-36　简易色立体中色彩三属性的关系

选择色相环上的任何一个色相与黑、白、灰进行混合，便能得到图1-37的半边效果。最外侧为清色（即明度变化），其余内部为浊色（即纯度变化）；上部分排列为高明度色，下部分排列为低明度色，中间部分为中明度色。若将色相环上的所有色相的明度、纯度变化平面图连接起来就构成了色立体。

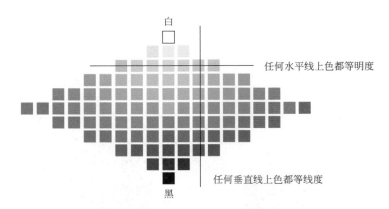

白

任何水平线上色都等明度

任何垂直线上色都等线度

黑

图1-37　色相明度与纯度变化

如图1-37所示，理论上任何垂直于无彩色明度中轴的水平面上的所有的色其明度都相等，既可以形成明度等值明度的色相环，也可以形成若干纯度等值的纯度色相环；平行于无彩色明度中轴的所有垂直线上的色其纯度都相同。

四、色的混合

两种或两种以上的颜色混合在一起，并得到与原色不同的新色的方式称为色彩混合。可归纳为三大类：色光混合、色料混合和中性混合。

1. 色光混合

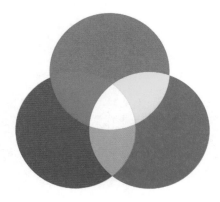

图1-38　色光的三原色

色光混合指将不同的光源投射到一起，叠加出新的色光。其特点是把所混合的各种色光的明度相加，混合的成分越多，得到的新色光明度就越高。

朱红、翠绿、蓝紫三种色光作适当比例的混合，基本上可以得到全部的色光。这三种色光是其他色光无法混合出来的，所以被称为色光的三原色（图1-38）。

2. 色料混合

色料混合通常指物质的、吸收性色彩的混合，如颜料、染料、涂料的混合都属于色料混合。混合后的色彩在明度、纯度上较之最初的任何一色都有所下降，混合的成分越多，混合得到色就越暗越浊；当色彩有一定的透明度时重叠，这种混合称叠色混合，以上都为减色混合（图1-39）。

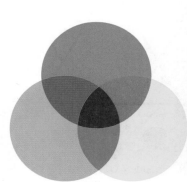

(a)色料混合（叠色混合）

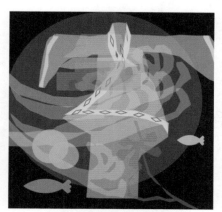

(b)设计范例（一）（李萍）

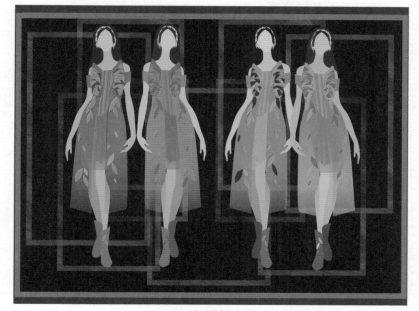

(c)设计范例（二）

图1-39　色料混合（叠色混合）

品红、柠檬黄、蓝绿三色是用其他颜色混合不出来的色彩，被称为色彩三原色，由三原色互配可以得到间色，再由间色互配得到复色，三色按适当比例混合，可以得到更多颜色。当只用两种色彩混合产生出灰黑色时，这两种颜色互为补色关系。

在颜色盘上，12种颜色被分为以下三组：

① 原色：红、蓝和黄。从理论上讲，所有其他颜色都是由于这三种颜色混合产生的。

② 间色：绿、紫和橙。这些颜色通过混合原色形成。

③ 复色：橙红、紫红、蓝紫、蓝绿、橙黄和黄绿。这些颜色通过混合上述六种颜色构成（图1-40）。

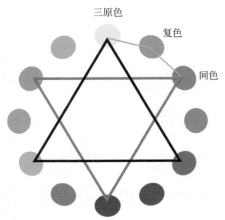

(a)原色、间色和复色

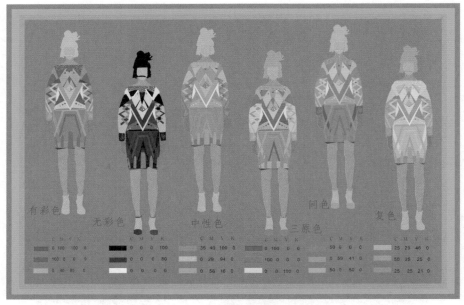

(b)设计范例（刘琦）

图1-40　原色、间色与复色

3.中性混合

中性混合分为空间混合、旋转混合两种。是将两种或两种以上的颜色并置在一起，通过一定的空间距离或旋转色盘，在人视觉内完成的混合称空间混合。

中性混合也叫视觉调和。这种混合与色光混合和色料混合的不同点在于其颜色本身并没有真正混合，它是借助一定的空间距离或旋转来完成。这种依视觉与空间距离造成的混合，能带来一些光的刺激，并能产生一种空间流动的感觉（图1-41）。

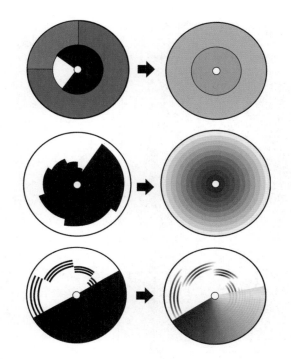

(a)旋转配色

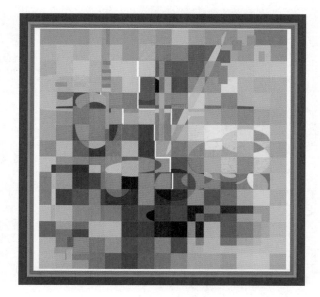

(b)设计范例（李健）

图1-41 中性混合

五、服饰配色范例

服饰配色范例如图1-42 ～图1-60所示。

服装设计

作品名称：《花嫁》

作　　者：成玥宁

图1-42　服饰配色范例一（成玥宁）

服装设计

作品名称：《归途》

作　　者：成玥宁

图1-43　服饰配色范例二（成玥宁）

图1-44　服饰配色范例三（曾静鑫）

图1-45　服饰配色范例四（曾静鑫）

图1-46　服饰配色范例五（高子凌）

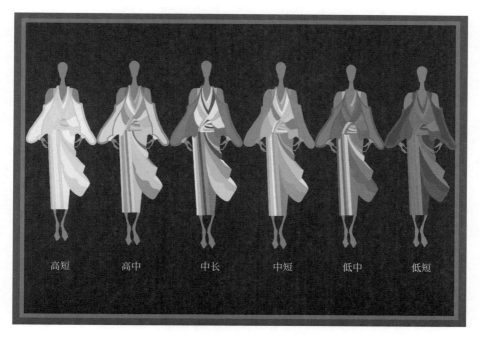

图1-47　服饰配色范例六（霍冉）

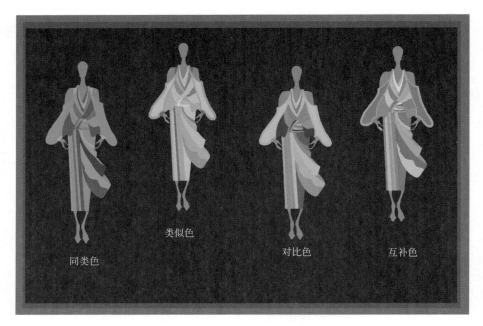

图 1-48　服饰配色范例七（霍冉）

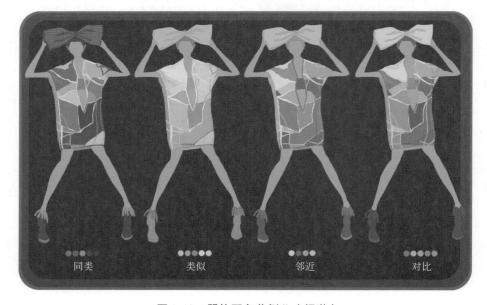

图 1-49　服饰配色范例八（杨琳）

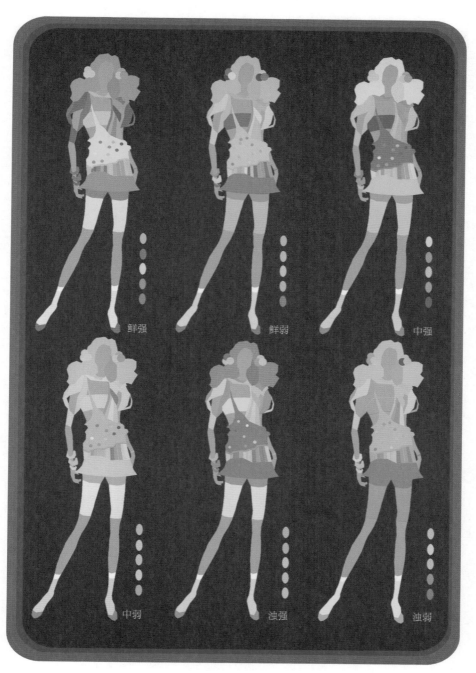

图1-50　服饰配色范例九（高子凌）

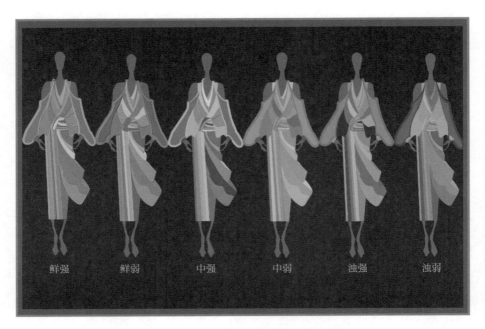

图 1-51　服饰配色范例十（霍冉）

图 1-52　服饰配色范例十一（闫欣）

图1-53 服饰配色范例十二（闫欣）

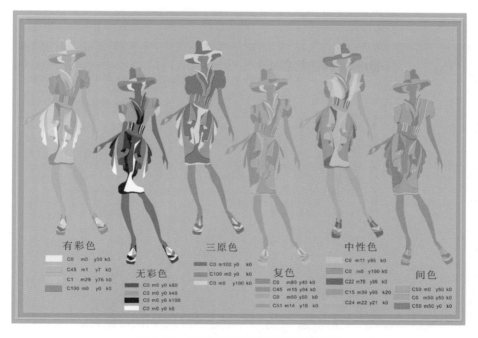

图1-54 服饰配色范例十三（曾静鑫）

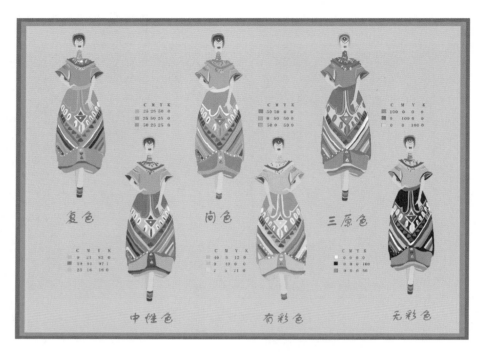

图1-55　服饰配色范例十四（刘坤）

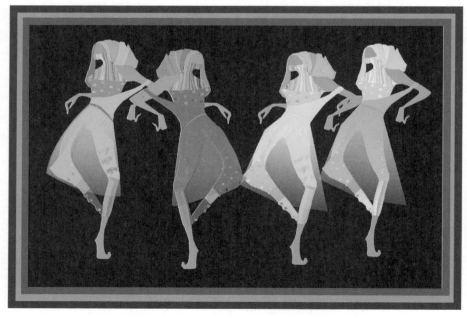

图1-56　服饰配色范例十五（杨琳）

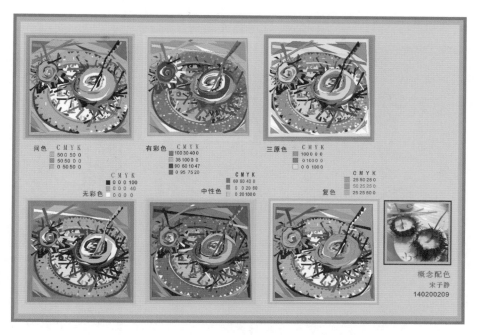

图 1-57　服饰配色范例十六（丝巾设计）（宋子静）

图 1-58　服饰配色范例十七（丝巾设计）（杨湘林）

图 1-59　服饰配色范例十八（孙婷）

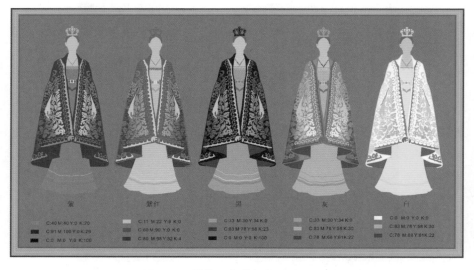

图 1-60　服饰配色范例十九（闫欣）

第二章
[服饰色彩对比调和搭配技巧]

调和是指两个或两个以上的事或物配合得适当，能够相互协调，达到和谐。和谐就是用一些相同、类似的色彩元素组合；或是类似色彩元素占服装的大部分面积，起到协调与稳定的作用。服装色彩和谐与色相、明度、面积、冷暖等变化有关（图2-1）。

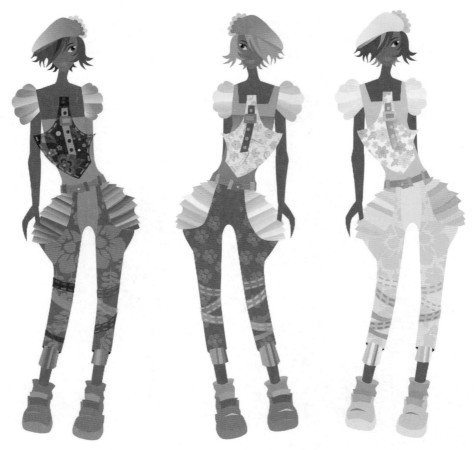

图2-1　服装色彩设计（高岩）

对比调和是色彩多样且强调变化又和谐的色彩组合。这种组合要达到既变化又统一和谐，不依赖要素一致，而靠某种组合秩序来实现，故又称秩序调和，在对比调和中，色相、明度、纯度都处于对比状态（图2-2、图2-3）。

图2-2　丝巾设计（杜斌）

图2-3　图案设计（刘璐）

对比色、补色搭配调和，色相差大，必须增加明度与纯度的共性，分配好服饰面积、位置等（图2-4）。

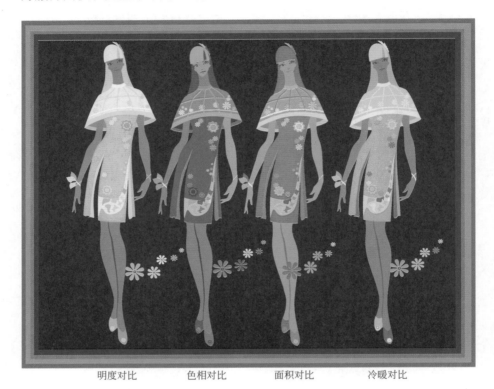

明度对比　　　色相对比　　　面积对比　　　冷暖对比

图2-4　对比色范例（燕云）

一、有彩色与无彩色对比调和

纯色对比中会产生强烈的视觉冲击效果，若与任何无彩色搭配能够使之调和；将有彩色分别加无彩色的黑、白、灰时，有彩色个性会减弱，达到对比协调的目的；用无彩色隔开对比强烈的有彩色也能达到调和的作用（图2-5）。

黑色与红色和白色组合，是永恒的经典，与灰色搭配可以显得高贵大方，与亮黄色搭配可以显出强烈的运动感，十分醒目，与紫色搭配会显得沉闷（图2-6）。

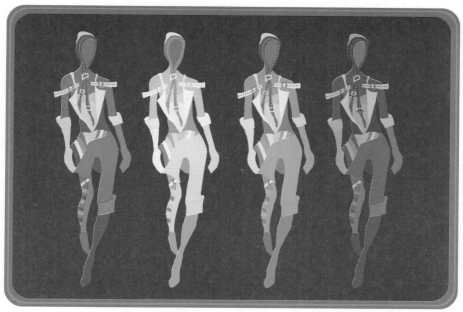

纯色　　　　纯色加白　　　　纯色加灰　　　　纯色加黑

(a)范例一（时颖颖）

(b)范例二（于菲）

图2-5　有彩色与无彩色的对比调和

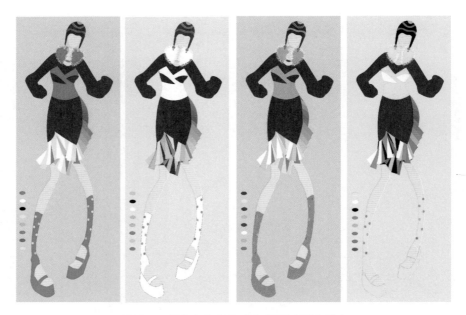

图2-6　黑色与红色和白色搭配（张迩琼）

　　白色与红色或者橙色搭配，可以给人运动感，与蓝色搭配，给人以轻快感，与紫色搭配，可以给人一种莫名的神秘感（图2-7）。

图2-7　白色与红色或者橙色搭配（姚姗姗）

　　无彩色与纯色搭配，能使张扬的纯色变得柔和，反之纯色的热情能融化灰色的冷漠，它们互相影响，相得益彰。与黄色搭配，使人显得精干，与亮蓝色搭配，能透出清凉的感觉。

　　无彩色系之间较易调和，但明度不宜太近，有适当的明度变化，才能产生较好的对比调和效果（图2-8）。

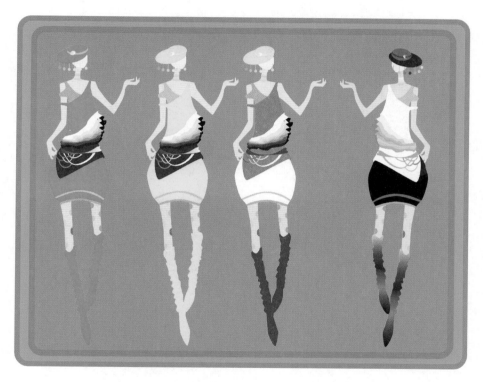

图2-8　无彩色与纯色搭配（王丽丽）

二、色相对比调和

　　将色相环上的任意两色或三色并置在一起，因它们的差别而形成的色彩对比现象，称色相对比。色相对比是给人带来色彩知觉的重要手段，以色相为主的服饰配色，展现了色彩艳丽的本质，适合华丽礼服和青春靓丽服饰的配色（图2-9）。

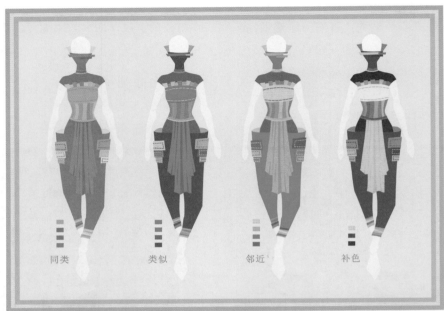

(a)范例一（张斯奥）

(b)范例二

图2-9　色相对比

色相对比的强弱决定于色相在色相环上的位置。从色环上看，任何一个色相都可以以自我为主，组成同类色、类似色、邻近色、对比色和互补色相的对比关系（图2-10）。

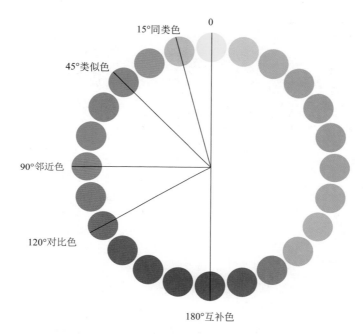

图2-10　色相环各色相对比关系

根据在颜色盘上的位置，颜色之间存在特定的关系。相对位置的颜色被称为补色，补色的强烈对比可产生动态效果。相邻的颜色被称为近似色，每种颜色具有两种（在颜色盘上位于其两侧的）近似色。使用近似色可产生和谐统一的效果，因为两种颜色都包含第三种颜色。

1.同类色调和

同类色调和指在色相环上，搭配的色相距离15°以内的对比，是色相中最弱的对比。同一色相，不同明、纯度之间的变化。同类色相对比，可以看成是色调的调和，因为色彩间统一的因素远远超出了对比的因素。它的对比效果单纯、稳静、雅致，但也容易出现单调、呆板的效果，这时应通过拉开明度距离和纯度关系来调整。如选用黄色，总体明度调子不要过深；选蓝色、紫色，画面以中低明度为宜（图2-11）。

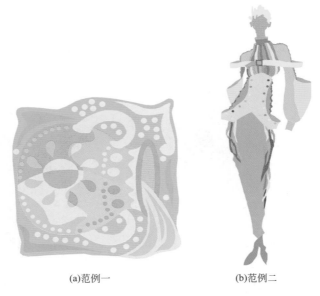

(a)范例一   (b)范例二

图2-11 同类色调和

2.同色相、同纯度的调和

这类色彩选择范围很小，基本集中在色立体的含灰色范围内，配色效果极其统一、含蓄，关键在于明度的处理。同纯度、同色相的调和只能靠色彩的鲜浊来变化，其配色效果也是弱的，有种柔和、朦胧的效果（图2-12）。

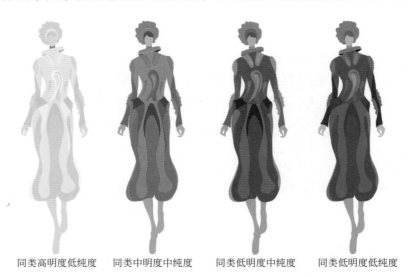

同类高明度低纯度   同类中明度中纯度   同类低明度中纯度   同类低明度低纯度

图2-12 同色相、同纯度的调和

3.类似色调和

类似色调和指在色相环上色相距离30°左右的对比，也是色相中较弱的对比。此对比的特点仍然统一、和谐，与同类色相比效果要丰富一些，但并没脱离以统一为主的配色原则（图2-13）。

4.临近色调和

临近色调和指在色相环上色相距离约60°的对比（最多不超过90°），属色相的中对比。邻近色相的配色效果显得丰满、活泼，既保持了统一的优点，又克服了视觉不满足的缺点（图2-14）。

(a)范例一

(a)范例一

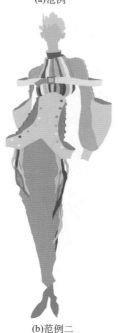

(b)范例二

图2-13 类似色调和

(b)范例二

图2-14 临近色调和

5.对比色相对比调和

对比色相对比调和亦称大跨度色域对比，指在色相环上色相距离120°左右的对比关系，属色相的中强对比。这种对比有着鲜明的色相感，效果强烈、兴奋，但易使视觉疲劳，处理不当会有烦躁、不安定之感。这是极富运动感的最佳配色（图2-15）。

6.互补色相对比调和

互补色相对比调和指在色相环上色相距离180°的对比，是色相中最强的对比关系。它比对比色对比更完整、更充实、更富有刺激性，饱满、活跃、生动，但也不含蓄，不雅致，有种幼稚、原始的感觉。互补色调和在色相对比中最难处理，它需要较高的配色技能。对比中的面积比例、形状大小以及聚与散的变化是无穷的，所以相应的表现潜力也是无穷的（图2-16）。

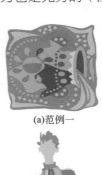

(a)范例一

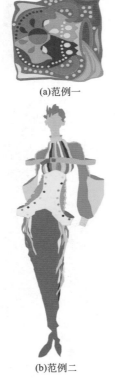

(a)范例一

(b)范例二

(b)范例二

图2-15　对比色相对比调和　　　　图2-16　互补色相对比调和

三个原色红、黄、蓝和三个间色橙、绿、紫组成的互补关系，构成了补色对比的三个极端，黄、紫是明度对比的极端；红、绿是纯度对比的极端；橙、蓝是冷暖对比的极端。色相对比有着较为直接的对比效果，因为它是一些未经掺和的色彩以其最强烈的明度来表示的。当明度、纯度有了变化时，色相对比就会具有丰富的、全新的表现（图2-17）。

图2-17　彩色对比与变化

7.色相环中三色相、四色相多组对比调和

凡在色相环中构成等边三角形或等腰三角形的三个色是调和的色组，三角形可以任意转动位置以求更多的色组调和变化。

凡在色相环中构成长方形、正方形的四个颜色都可以体现出更为调和的色彩，色相更丰富。如果采用梯形或其他不规则四边形，可以得到更富变化的服饰色彩（图2-18）。

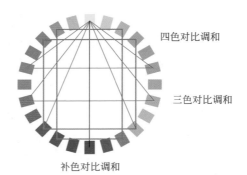

四色对比调和

三色对比调和

补色对比调和

图2-18 色相环中三色相、四色相多组对比调和

8. 调性调和

强调的是色调的作用，其色调的色系统主要指色相。如：在紫色光源照射下，所有的物体都会呈现紫色调，此时你就不得不考虑绿衣服的紫色调应是什么，蓝裤子的紫色调是什么，还有黄丝巾的紫色调是什么，紫色的补色黄色在此尽管很强烈，但当它变为带有紫色调的黄色时，统一感就出来了（图2-19）。

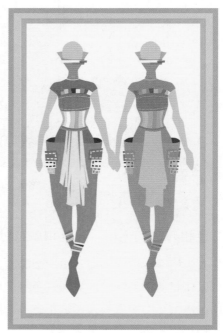

(a) 范例一
(b) 范例二

图2-19 调性调和

三、明度对比调和

明度对比，是指将不同明度的两色并列在一起，产生明的更明、暗的更暗的现象。明度的差别可以是一种色的明暗对比，也可以是多色彩的明暗对比（图2-20）。

图2-20　明度对比调和

明度对比中黑、白、灰决定着服饰色彩的基调，它们之间不同量、不同程度的对比具有能够创造不同色调。它对服饰色彩形象是否明快、结构是否清晰起着关键性的作用。

以无彩色黑、白、灰系列的9个明度阶梯为基本标准可进行明度对比强弱的划分。靠近白的3级称高调色，靠近黑的3级称低调色，中间3级称中调色。色彩间明度差别的大小决定着明度对比的强弱：三个阶梯以内的对比为明度弱对比，由于这种对比的关系在明度轴上距离比较近，又称短调对比；5个阶梯以外的对比称明度强对比，由于这种对比关系在明度轴上距离比较远，又称长调对比；3个阶梯以外，5个阶梯以内的对比称明度的中对比，又称中调对比（图2-21）。

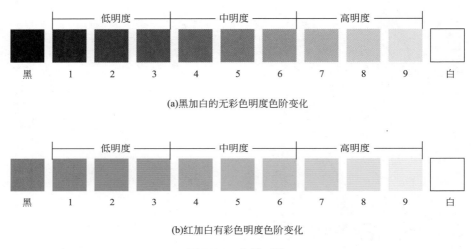

(a)黑加白的无彩色明度色阶变化

(b)红加白有彩色明度色阶变化

图2-21　色阶对比

在明度对比中，如果其中面积最大、作用也最强的色彩或色组属高调色，色的对比属长调，那么整组对比就称为高长调；如果画面主要的色彩属高调色，色的对比属中调，那么整组对比就称为高中调。按这种方法，大体可划分为十种明度调子：高长调、高中调、高短调、中长调、中中调、中短调、低长调、低中调、低短调、最长调；其中第一个字都代表着配色中主要的色或色组的明度（图2-22）。

在有彩色中黄色最亮，紫色最暗，橙色、绿色、红色、蓝色处于中间。在一个高调配色中如想选用紫色，那只能将它加入大量的白色，使明度提高；将黄色变为低调色要加黑色或其他深色；值得注意的是，在改变这些原色的同时，它们原有的色性也改变了，深沉而恐怖的紫色变成了柔和、雅致、富有女性味的淡紫色，透明、发光的黄色变成了深暗的绿色（图2-23）。

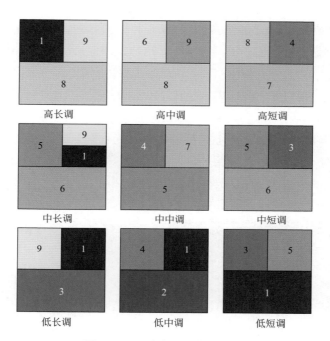

高长调	高中调	高短调
中长调	中中调	中短调
低长调	低中调	低短调

图2-22　无彩色明度色阶对比

紫色明度变化　　　　　　　　　黄色明度变化

图2-23　色阶对比范例（曾静鑫）

任何颜色都只有在它原有明度的基础上，才能发挥出最佳效果。比如红色在中等偏低明度中显示的力量最强。这样，在保持明度调子调和的同时，要特别关注色彩的纯度和色相倾向。高调色组，因要提高色彩的明度，画面易出现贫乏、苍白无力的感觉；短调对比的明度差不宜过小，在弱对比中寻求色相、纯度上的变化；低调色组要注意加强色彩的鲜艳度，不然很难改变画面的沉闷感；长调对比由于本身的明度反差大，就要尽量保持色相调子的稳定。总之，有彩色的明度调子较之无彩色的明度调子更为复杂，它不单要考虑明度，同时也是三属性的综合运用（图2-24）。

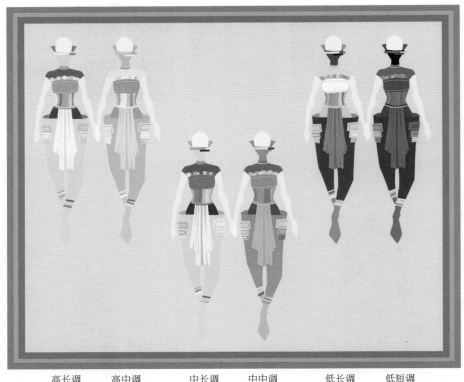

| 高长调 | 高中调 | 中长调 | 中中调 | 低长调 | 低短调 |

图2-24　明度调子调和范例

1.高调对比调和

（1）**高长调**　此调明暗反差大，对比强，形象的清晰度高；有积极、活泼、刺激、明快之感。

（2）**高中调**　以高调色为主的中强度对比，效果明亮、愉快、辉煌。

（3）**高短调**　高调的弱对比效果，形象分辨力差；其特点为优雅、柔和、高贵、软弱，设计中常被用来作为女性色彩（图2-25）。

高长调

高中调

高短调

图2-25　高调对比调和范例

2.中调对比调和

（1）中长调 以中调色为主，采用高调色和低调色进行对比；此调稳定而坚实，给人以强健的男性色彩感觉。

（2）中中调 属不强也不弱的中调中对比，有丰富、饱满的感觉。

（3）中短调 中调的弱对比效果。这种画面犹如笼罩了一层薄雾一般，含蓄、模糊，同时又显得平板，清晰度也极差（图2-26）。

中长调

中中调

中短调

图2-26 中调对比调和范例

3.低调对比调和

（1）低长调　低调的强对比效果。它具有强烈的、爆发性的、深沉的、压抑的、苦闷的感觉。

（2）低中调　低调的中对比效果。这种对比朴素、厚重、有力度，设计中常被认为是男性色调。

（3）低短调　低调的弱对比效果。它阴暗、低沉、有分量，画面常常显得迟钝、忧郁，使人有种透不过气的感觉（图2-27）。

低长调

低中调

低短调

图2-27　低调对比调和范例

4.最长调

对比调和最明色和最暗色各占一半的配色。其效果强、锐利、简洁，但处理不当也易产生空洞、生硬、炫目的感觉（图2-28）。

图2-28　最长调对比调和范例

这十个调子是明度对比配色中最基本的调子，在实际运用中有时也会出现一些更细的对比关系。比如高长调，配色中不单有亮色、暗色，还会出现少量的灰层次，这时可称它为高中长调，但服饰色彩总体还是由高调的强对比来控制（图2-29）。

图2-29 高调对比控制

四、纯度对比调和

　　将不同纯度的两色并列在一起，因纯度差而形成鲜的更鲜、浊的更浊的色彩对比现象，称纯度对比。任何有彩色掺进了其他成分，纯度将变低。凡有纯度的色必有相应的色相感，有纯度感的色都称为有彩色。有彩色的纯度划分方法如下：选出一个纯度较高的色相，再找一个明度与之相等的中性灰色（灰色是由白色与黑色混合出来的），然后将该色与灰色直接混合，混合出从该色到灰色的纯度依次递减的纯度层次，得出高纯度色、中纯度色、低纯度色。有彩色中红、橙、黄、绿、蓝、紫等基本色相的纯度最高（图2-30）。

图2-30 纯度变化

　　纯度对比越强，鲜色一方的色相就越鲜明，从而也增强了配色的艳丽、活泼、注目及感情倾向。纯度对比弱时，往往会出现配色的粉、灰、脏、闷、单调等感觉。

　　无彩色没有色相，故纯度为零。

　　纯度对比中，如果服饰配色中大面积的色是高纯度色，对比的另一色属低纯度色，那么将形成鲜艳的强对比效果，即鲜强对比。用这种方法大体可划分为九种纯度调子：鲜强对比、鲜中对比、鲜弱对比、中强对比、中中对比、中弱对比、浊强对比、浊中对比、浊弱对比（图2-31）。

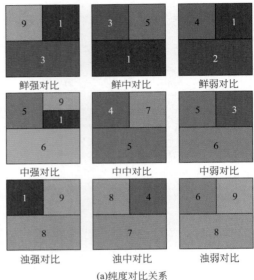

(a)纯度对比关系

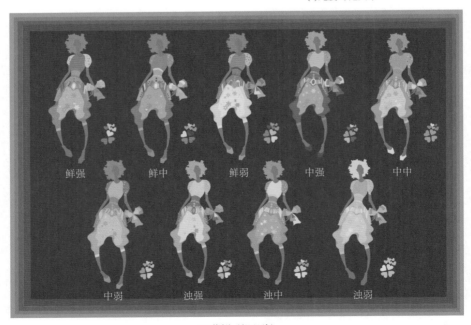

(b)范例（郭双玲）

图2-31　纯度对比

鲜强对比：对比效果十分鲜明，形象清晰度高，同时对比使得鲜色更鲜、浊色更浊。既可以用鲜艳的高纯度为主色衬托纯度低的主题，也可以反过来用。

鲜中对比：服饰中大面积为高纯度的色彩，对比小面积中纯度色彩，画面色彩比较鲜亮。

鲜弱对比：服饰中大面积色彩是选用高纯度的，保留了各色相的色彩饱和度，所以称为鲜弱对比。有彩色本身不同的明度所展现的对比与通常所指的弱（柔弱、不明显等）不同，实际配色效果是色彩饱满、浓烈（图2-32）。

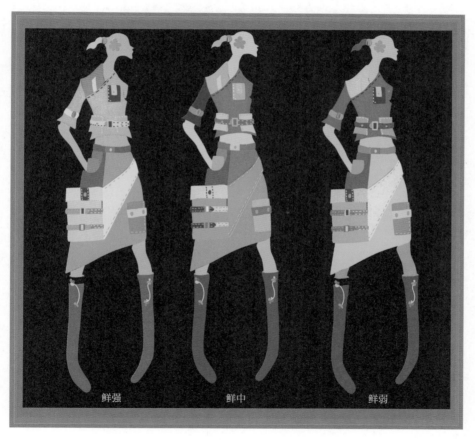

鲜强   鲜中   鲜弱

图2-32　高纯度对比

　　中强对比：服饰大面积为中纯度色彩，对比中小面积高纯度或低纯度色彩，配色柔和。仅以小面积突出主题，是比较容易掌握的色彩搭配方法。

　　中中对比：配色主体为中纯度，与部分较高或较低纯度色彩对比，总体色彩图形含色量为中纯度，画面色彩丰富协调。

　　中弱对比：中纯度色彩之间搭配，服饰色彩柔和，含蓄（图2-33）。

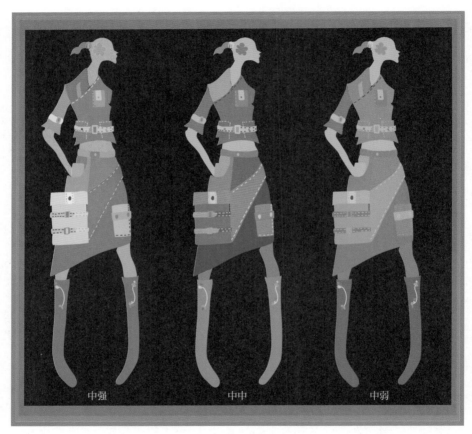

图2-33　中纯度对比

　　浊强对比：以大面积低纯度的浊色为主，对比小面积纯色，搭配效果使纯色愈加鲜艳。

　　浊中对比：浊中对比是主体低纯度与部分中纯度的对比，产生配色柔中略显主题，服饰色彩丰富、有内涵。

　　浊弱对比：服饰配色中大面积采用低纯度色彩，效果是服饰结构不清晰，整天呈现含蓄、柔弱的灰色调子（图2-34）。

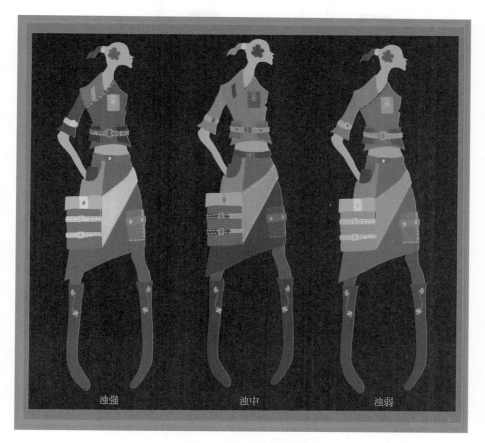

图2-34 低纯度对比

五、色彩的面积对比调和

在服饰配色中，色彩面积的大小直接影响色彩意向的传达。占大面积的色彩是配色中的主导色，只占20%的色彩属于辅助配色（图2-35）。

1.统一

以服饰主色调为主，选择相近的颜色搭配（图2-36）。

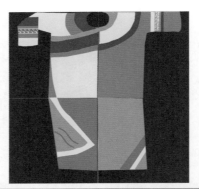

图2-35　面积对比调和

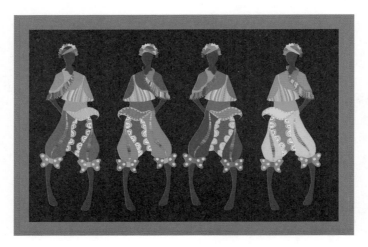

图2-36　统一

2. 衬托

主题突出，宾主分明，具有变化和层次。冷暖、明暗、繁简等显示秩序与节奏。

一般选用明度或纯度相近配色（图2-37）。

图2-37　衬托

3. 点缀

为了打破单一的效果，可以利用比其他大面积主色更突出、位置在视觉中心等辅助的配色点缀，让其起到重点色的作用（图2-38）。

图2-38　点缀

4.呼应

采用点或块之间上下、内外等搭配形成整体感效果（图2-39）。

图2-39　呼应

六、服饰配色范例

服饰配色范例如图2-40 ～图2-59所示。

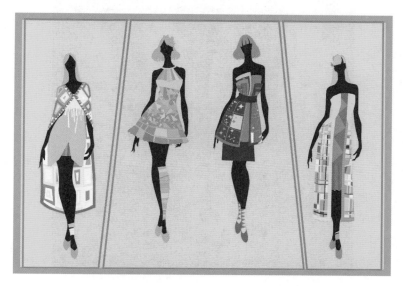

图2-40　服饰配色范例一（异次元，丁思文）

图2-41　服饰配色范例二（你是梦里的棉花糖，李国锦）

图2-42　服饰配色范例三（零落成泥碾作尘，刘亚娟）

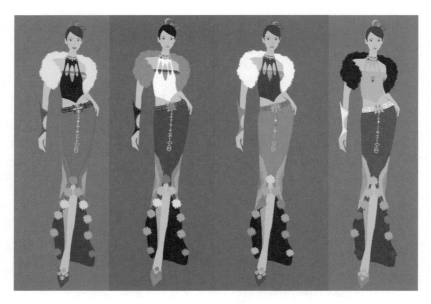

图2-43　服饰配色范例四（王玲）

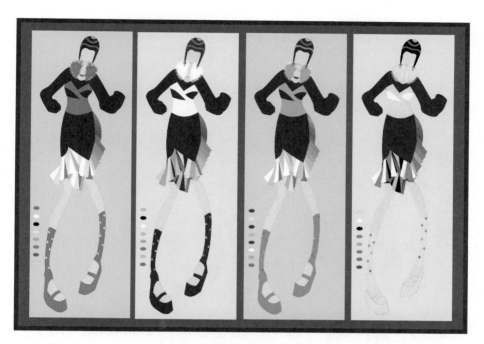

图2-44　服饰配色范例五（张迩琼）

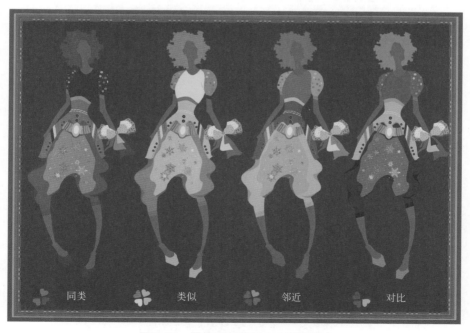

图2-45　服饰配色范例六（郭双玲）

图2-46　服饰配色范例七（刘璐）

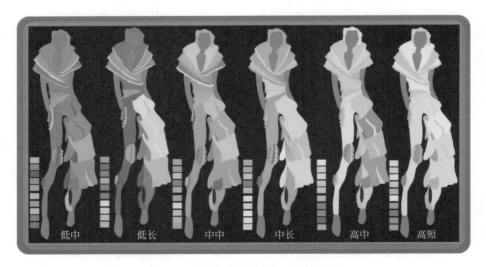

图2-47　服饰配色范例八（刘家威）

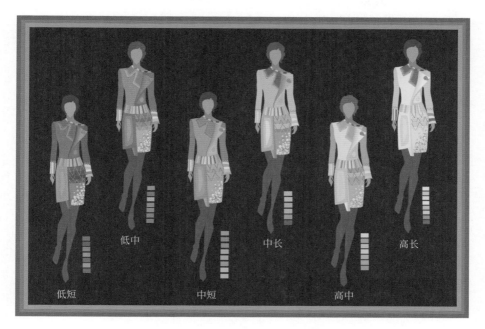

图2-48　服饰配色范例九（张喆）

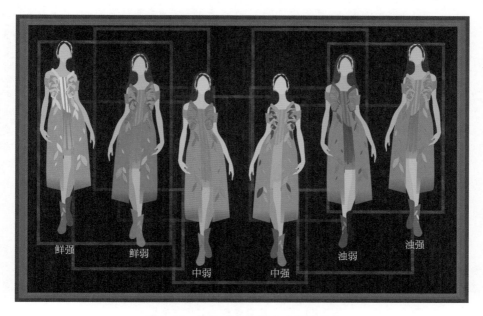

图2-49　服饰配色范例十（潘禹合）

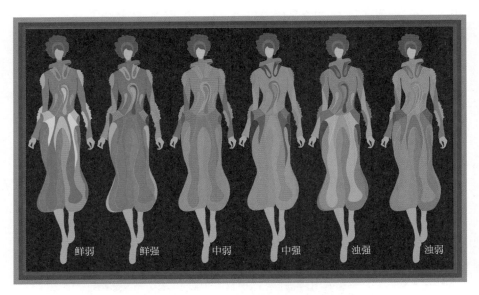

图 2-50　服饰配色范例十一（于磊）

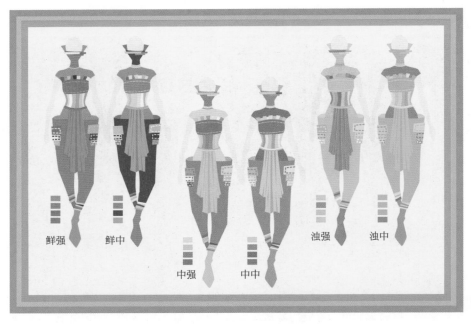

图 2-51　服饰配色范例十二（张斯奥）

图2-52　服饰配色范例十三（王春）

图2-53　服饰配色范例十四（张斯奥）

图2-54　服饰配色范例十五（缤纷星辰，宋子静）

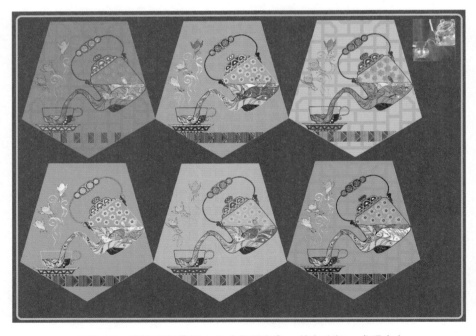

图2-55　服饰配色范例十六（北冥有鱼，其名为鲲，成玥宁）

图2-56　服饰配色范例十七（众里寻她千百度，刘叶宁）

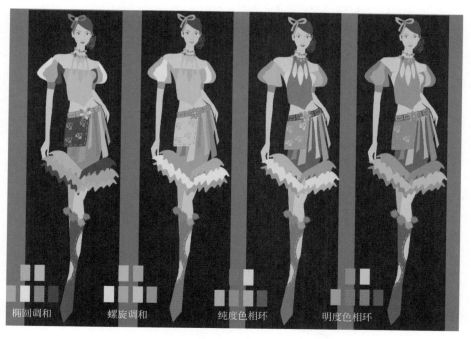

图2-57　服饰配色范例十八（王玲）

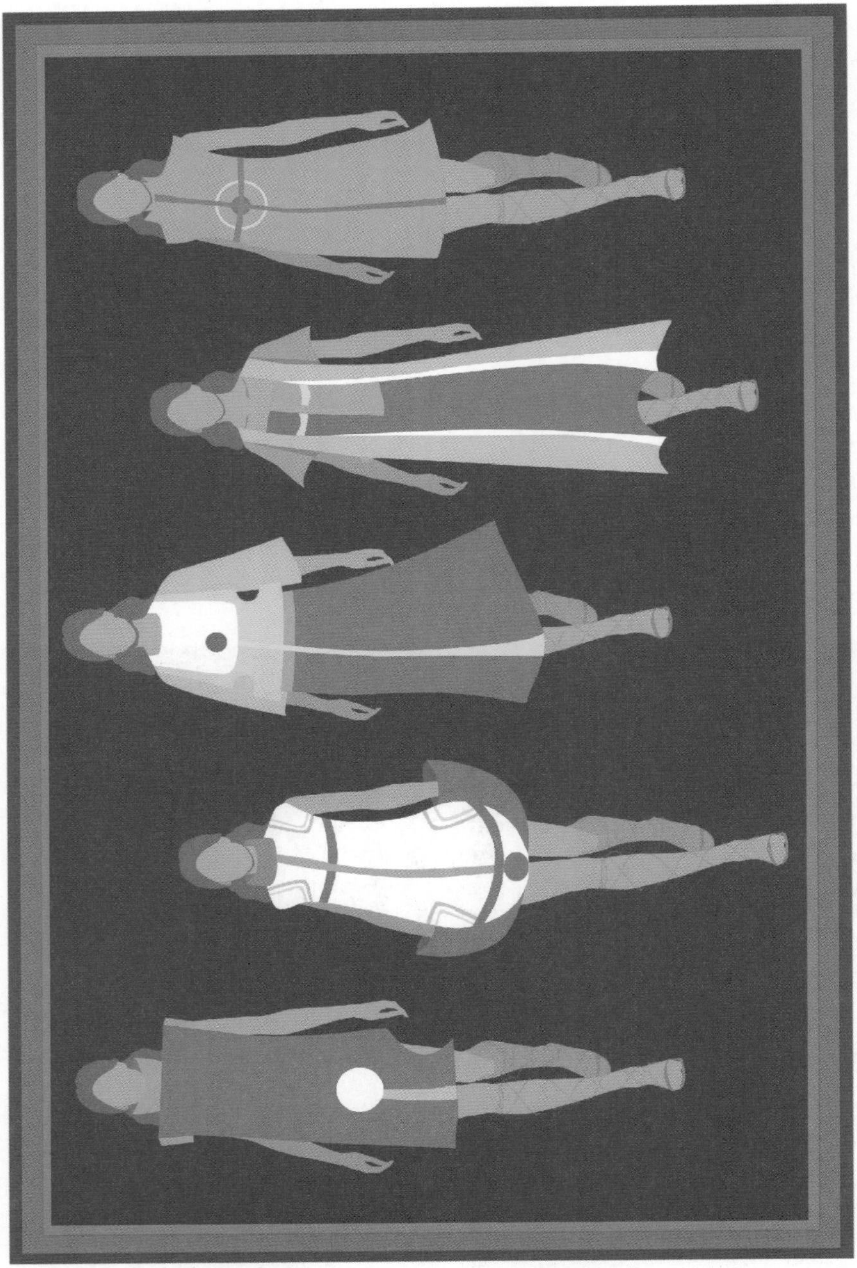

图2-58　服饰配色范例十九（燕云）

第三章

[色彩感觉与服饰配色技巧]

一、色彩特性基本配色
二、服饰色彩的情感配色
三、色彩的心理配色设计
四、服饰配色范例

　　对色彩的感受往往是通过心理来判断的。作为视觉传达重要因素的色彩，它总是在不知不觉中左右着我们的情绪和行为。一般来说这种影响可通过两个方面来达到，一方面是色彩的客观性质作用于人的感觉，多指在色光直接刺激下的直觉反应；另一方面，即色彩的间接性心理效应。

　　色彩能给人以某种情绪的感染，是人观看色相时被其诱发联想以往的生活体验产生的心理效应。色相具备引起对某种具体物象的联想，久之即形成某种抽象的联想，从而色相具有了引起人们大致共鸣的感情与象征性。

　　主观色彩归纳，是指凡是抛开客观对象的固有色、环境色，按照自己的主观意愿，随意配置、随意组合的用色方法，旨在创造一种新的不受客观限制的色彩和谐的画面。不受约束的色彩自由奔放地表达着强烈的情感，加强色彩的意蕴，更能表达自我情绪。

一、色彩特性基本配色

1.红色系

　　红色是光谱中波长最长的色光，也就是说它的色彩表情最为丰富。红色使人联想到太阳、火焰、血液、红花。红色的个性强且端庄，具有号召性，表现为一种积极向上的情绪。看到节日的红色，我们会感到喜庆、吉祥、幸福。

　　红色处于高饱和状态时，可以刺激人们的感官，促使血液加速循环；红色处于低明度的状态时，给人以稳重、消极、悲观的意味；当红色变为深红色或带紫味的红时，即形成稳重的、庄严的色彩；若变为粉红色，性格则温柔、愉快、多情，有着幸福、羞涩、美好的感觉。强烈的红色适合搭配黑色、白色和不同深浅的灰色。与适当比例的绿色组合富有生气，充满浓郁的民族韵味；与蓝色配合显得稳静、有秩序（图3-1）。

　　① 在红色中加入少量的黄色，会使其热性强盛，趋于躁动、不安。

　　② 在红色中加入少量的蓝色，会使其热性减弱，趋于文雅、柔和。

　　③ 在红色中加入少量的黑色，会使其性格变得沉稳，趋于厚重、朴实。

　　④ 在红中加入少量的白色，会使其性格变得温柔，趋于含蓄、羞涩、娇嫩。如图3-2所示。

偏紫色　　　　高纯度　　　　低明度　　　　高明度

红与黑白灰　　　　　　　　　　红与蓝绿

图3-1　红色的感官刺激 一

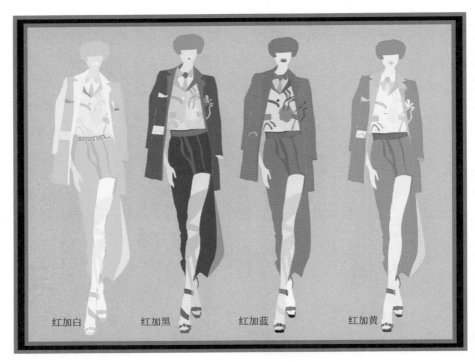

红加白　　　　红加黑　　　　红加蓝　　　　红加黄

图 3-2　红色的感官刺激 二

2.橙色系

橙色的波长在红色与黄色之间，具有红色与黄色之间的性质。它的明度仅次于黄色，强度仅次于红色，是色彩中最响亮、最温暖的颜色（图3-3）。

图 3-3　橙色系

由于橙色与自然界中的许多果实色以及糕点、蛋黄、油炸食品的色泽相近似，所以此色使人觉得饱满、成熟，富有很强的食欲感；橙色也是灯火、阳光、鲜花的颜色，因而又具有华丽、温暖、愉快、幸福、辉煌等特征。

橙色是个活跃大胆的颜色，极富南国情调，肤色偏黑的人群，用亮丽的橙色服装相衬托，有明朗、强烈、生机盎然的效果（图3-4）。

图3-4　橙色的感官刺激

3.黄色系

黄色是所有色相中最明亮的色彩，黄色是以其色相纯、明度高、色觉暖和、可视性强为特征，和橙色相比黄色要显得冷淡、轻薄一些。黄色是个单纯的色彩，稍有其他色调入，就会失去其亮丽辉煌的品质。黄色与其他色彩对比时，会呈现出不同的情感倾向。黄色在我国古代是帝王的象征；在古罗马时期也被当作是高贵的颜色；东南亚各国佛教中，黄色表示"超世脱俗"等教义，神与佛头上的金黄色光环代表着神圣。在基督教中，由于黄色是犹大衣服的颜色，故在一些欧美国家被视为庸俗、低劣的最下等色。

　　① 在黄色中加入少量的蓝色，会使其转化为一种鲜嫩的绿色。其高傲的感觉也随之消失，趋于一种平和、潮润的感觉。

　　② 在黄色中加入少量的红色，则呈现出橙色，其色彩感觉也会从冷漠、高傲转化为一种有分寸感的热情、温暖。

　　③ 在黄色中加入少量的黑色，其色感和色性变化最大，成为一种具有明显橄榄绿色的复色印象。其色性也变得成熟、随和。

　　④ 在黄色中加入少量的白色，其色感变得柔和，其色彩感觉中的冷漠、高傲被淡化，趋于含蓄，易于接近（图3-5）。

黄色　　　　　　　黄加黑

黄加蓝　　　　　　黄加红　　　　　　黄加白

图3-5　黄色的感官刺激

4. 绿色系

可见光谱中绿色处于中间位置，是一种明视度不高、刺激性不大、比较稳定、中性的温和色彩，是一种中性的、处于转调范围的、明度居中的、冷暖倾向不明显的平和优雅的色彩、它的感情象征意义多属于积极性的。当绿色调入黄色成为黄绿色，会有新生、无邪、纯真、活力、酸涩、无知等色彩意味；绿色加白色提高了明度，会表露出宁静、清淡、凉爽、轻盈、舒畅的感觉；绿色加黑色会传达出沉默、安稳、刻苦、忧愁、迷信、虔诚、自私等情感意味；加入灰色时绿色色相消失，则会给人更加隐喻、含蓄的感觉（图3-6）。

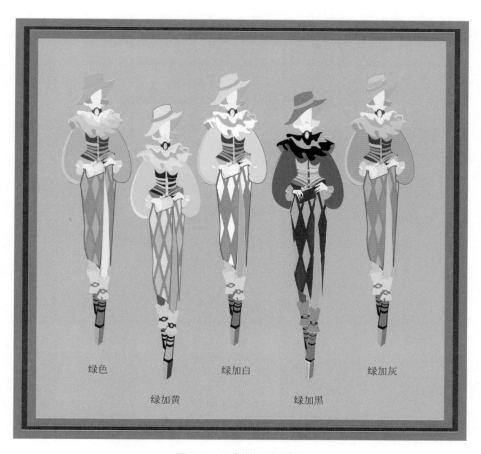

绿色　　　　　绿加白　　　　　绿加灰

绿加黄　　　　　绿加黑

图3-6　绿色的感官刺激

5.蓝色系

纯净的蓝色是一种不包含黄色或红色成分的色彩，是三原色之一。蓝色在可见光谱上处于收缩、内向的冷色区域，由于波长短，视认性和注目感相对要弱一些。

中国人对蓝色情有独钟，把它看作典雅、朴素、善良、庄重、智慧的色彩。蓝色具有高贵、纯正的品质，也有憧憬、幻想的意味，既亲切又遥远。遥远是指它的视觉效果，在地球的大气中，是最深沉的夜空的色彩。中国的蓝印花布、蜡扎染、青花瓷等对蓝青色的运用，蕴涵了深邃的文化底蕴和朴素的情愫。

如果在蓝色中分别加入少量的红色、黄色、黑色、橙色、白色等，均不会对蓝色的性格构成较明显的影响（图3-7）。

| 蓝色 | 蓝加少量红 | 蓝加少量黄 | 蓝加少量黑白 |

图3-7　蓝色的感官刺激

6.紫色系

紫色在可见光谱上处于最暗的位置，波长最短。紫色是一个极易受明度影响而使情感意味截然相反的色彩，当它暗化、深化时，给人一种压迫、威胁、恐怖的感觉，仿佛预示着灾难即将到来。紫色一经淡化，明度明显提高，会呈现出优雅、可爱的女性化味道。可以看出，对紫色的运用重要的是控制明度变化，可以得到一系列不同感情象征的色彩。

紫色调入红色呈现红紫色时，有大胆、妖艳、开放的感觉；紫色调入黄色呈现出浊紫色或灰紫色，会有颓废、消极、腐蚀等色彩情感意味；紫色偏向蓝色时，会传达孤寂、严厉、珍贵等精神意味；紫色加入白色成为淡紫色时，展示出浪漫、妩媚、优美、梦幻、羞涩、清秀、含蓄的色彩意味。在紫色中加入少量的黑色，其感觉就趋于沉闷、伤感、恐怖（图3-8）。

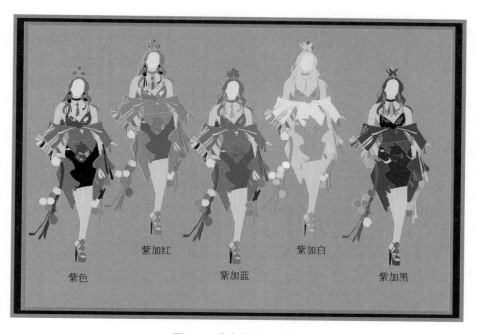

图3-8　紫色的感官刺激

7. 黑色系

与白色相对，黑色具备截然不同的色彩意味，如沉默、力量、严肃、永恒、毅力、刚正、忠义、黑暗、未知、罪恶、恐惧等。不同的场合，不同的用途，黑色有不同的含义。

用于消极意义时代表悲哀、不幸、绝望等。用于积极意义的比如黑色燕尾服，有一种高雅、渊博、脱俗的含义，也象征公正和威严。

自然界不存在绝对的黑色，在有光的条件下，黑色吸收大部分色光，因而明视度较差，代表黑白世界的阴阳两极。与有彩色相比，无彩色与有彩色有着相同的价值。黑与白往往以彼此的共存显示出各自色彩的力量（图3-9）。

图3-9　黑色感官刺激

8.白色系

在可见光谱中，白色是全部色彩的总称，故有全色光之称。在自然界里，由于不存在绝对的白色，故白色纯洁程度只是头脑中的概念，只要白色以视觉形式出现，它就会有不同程度的含灰度，并呈现出一定的有彩色倾向。

白色与任何有彩色系的颜色混合或并置都可得到赏心悦目的色彩效果。白色具有一尘不染的品貌，清白、光明、无私、纯洁、忠贞这些溢美之词均可赋予白色。但白色也有很多类似空虚、缥缈、麻烦不断等带有贬义的色彩象征（图3-10）。

白色也是改变有彩色系明度和纯度的重要因素，极大地丰富了色彩的表现层次和视觉效果。

图3-10　白色感官刺激

① 在白色中混入少量的红色，就成为淡淡的粉色，鲜嫩而充满诱惑。
② 在白色中混入少量的黄色，则成为乳黄色，给人一种香腻的印象。
③ 在白色中混入少量的蓝色，给人感觉清冷、洁净。
④ 在白色中混入少量的橙色，有一种温馨的感觉。
⑤ 在白色中混入少量的绿色，给人一种稚嫩、柔和的感觉。
⑥ 在白色中混入少量的紫色，可使人联想到淡淡的芳香（图3-11）。

图3-11　白色的混合

9. 灰色系

灰色是色立体的垂直明度轴的颜色，可以说是黑与白调和后的中间色，也可以是全色相与补色按比例调和的混合色。灰色属于最大程度满足人眼对色彩明度舒适要求的中性色。

灰色有几种理解，一是无彩色系中的黑白调和出的灰色，即明度轴中第5号为标准灰；二是有彩色的中明度居中、纯度较低调入灰色的低纯度色彩，也就是我们常说的含灰色彩。

灰色给人以柔和、平凡、含蓄、中庸、消极、稳定的印象。灰色和别的色彩相搭配时能够显示出有色彩的艳丽，即可陪衬、烘托出相邻色的活力，又含蓄地显示了自己的本性，尤其是与有彩色相搭配时，活力最大程度被激活，灰色的面积大小可以显示出不同的心理效应（图3-12）。

图3-12　灰色的感官刺激

10. 金色、银色、茶色、棕色

茶色是深沉而朴素的颜色；棕色深沉朴实；金色富丽堂皇，象征荣华富贵，名誉忠诚；银色，雅致高贵，象征纯洁信仰，比金色温和。它们与其他色彩都能配合。小面积点缀，具有醒目提神作用，大面积使用，则会产生过于炫目负面影响，除了金色、银色等重金属色以外，所有色彩，带上光泽后，都有其华丽的特征（图3-13）。

图3-13　金色和棕色的感官刺激

二、服饰色彩的情感配色

看到色彩时，能联想和回忆某些与此色彩相关的事物，进而产生相应的情绪变化，称之为色彩的联想。色彩联想是人脑的一种积极的、逻辑性与形象性相互作用的、富有创造性的思维活动过程。这种心理反应，通常谓之"感觉"，色彩学中称之为色彩特性。

不同的色彩具备着各自的特征，受其影响后也就产生了各式各样的感情反应。尽管这种反应由于民族、性别、年龄、职业等而各显差异，但其中共性的感觉是服饰配色的依据。如色彩的冷暖感、空间感、大小感、轻重感、软硬感等，都明显地带有色彩直感性心理效应特征。色彩心理的分析不能一概而论的，只是普遍意义上进行归纳、总结（图3-14）。

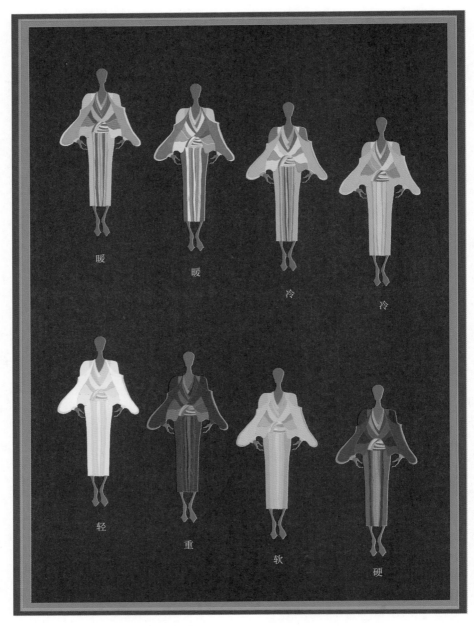

图3-14　情感配色（郏灵洁）

1.色彩的冷与暖

冷暖感觉本是触觉对外界的反映，由于人们生活在色彩的世界的经验以及人们的生理功能，使人的视觉逐渐变为触觉的先导，看到红色、黄色会感觉温暖，看到蓝色、青色会感觉寒冷。倾向红色、橙色、黄色的色相，给人以暖的感觉，称暖色；偏向青绿色、青蓝色、青紫色的色相，给人以冷的感觉，称冷色；绿色和紫色被称为冷暖的中性色（图3-15）。

图3-15　色彩的冷暖（于磊）

无彩色中冷暖概念是白冷、黑暖。黑色衣服使我们感觉暖和，适于冬季、寒冷地带；白色衣服适于夏季、热带。不论是冷色还是暖色，加白后有冷感，加黑后有暖感。

在同一色相中也有冷感与暖感的区别，所以冷暖实际上只是一个相对概念，如大红色比玫红色暖，但比朱红色冷，朱红色又比红橙色冷，只有处于相对关系的红橙色和绿蓝色才是冷暖的极端（图3-16）。

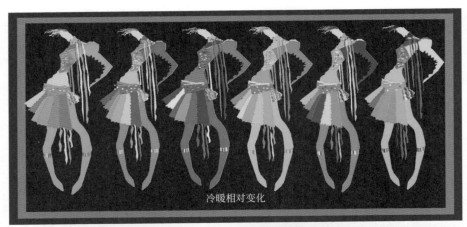

冷暖相对变化

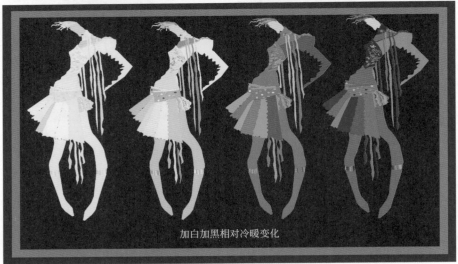

加白加黑相对冷暖变化

图 3-16　色彩冷暖相对变化（王希希）

2. 色彩的轻与重

色彩的轻重感主要与明度相关。明亮的颜色感到轻，如白色、黄色等高明度色；深暗的色感到重，如黑色、深蓝色、褐色等低明度色。明度相同时，纯度高的比纯度低的感到轻。就色相来讲，冷色轻，暖色重。

在服饰配色中用到的"飘逸""柔美""深沉""稳重"等修饰语，其中都包含色彩重量感的意义（图3-17）。

图 3-17　色彩的轻与重

3. 色彩的软与硬

色彩的软硬感主要取决于明度和纯度。明度较高，纯度较低的颜色有柔软感；明度低，纯度高的颜色有坚硬感；中性系的绿色和紫色有柔和感；无彩色系中的白色和黑色是坚固的，灰色是柔软的。从色调上看，明度的短调、灰色调、蓝色调比较柔和；明度的长调、红色调显得坚硬（图3-18）。

图 3-18　色彩的软与硬

4. 色彩的膨胀与收缩

运用色彩的冷暖、明暗、纯度以及面积对比来充分体现空间感，可以为特殊视错配色设计做配色。产生色彩空间感觉的因素主要是色的前进和后退，暖色为前进色，冷色为后退色，相同距离内的红色感觉较近，蓝色感觉较远；从明度上看，亮色有前进膨胀感，暗色有后退缩小感；在同等明度下，色彩的纯度越高越往前，纯度越低越向后。

当然色的前进与后退与背景色紧密相关。在黑色背景上，明亮的色向前推进，深暗的色却潜伏在黑色背景的深处。相反，在白色背景上，深色向前推进，而浅色则融在白色背景中（图3-19）。

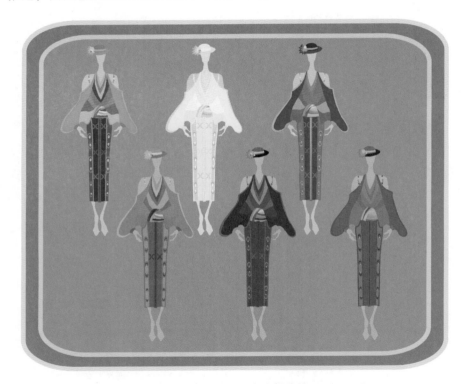

图3-19　色彩的膨胀与收缩

5. 色彩的兴奋与沉静

色彩的兴奋与沉静感觉主要取决于色相的冷暖感。暖色系的红色、橙色、黄色中明亮而鲜艳的颜色给人以兴奋感，冷色系的蓝绿色、蓝色、蓝紫色中暗浊的颜色给人以沉静感。色彩的明度、纯度越高，其兴奋感越强。

无彩色系的白色与其他纯色组合有明快感、兴奋感、积极感，而黑色有忧郁感，白色和黑色以及纯度高的色给人以紧张感，灰色及纯度低的色给人以舒适感（图3-20）。

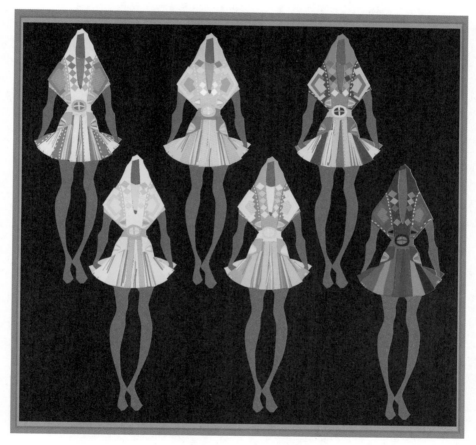

图3-20　色彩的兴奋与沉静

6.色彩的华丽与朴实

色彩的华丽和朴实感与色彩的三属性都有关联。明度高、纯度也高的颜色显得鲜艳、华丽；纯度低、明度也低的颜色显得朴实、稳重。红橙色系容易有华丽感，蓝色系给人的感觉往往是文雅、沉着。以色调来说，大部分活泼、强烈、明亮的色调给人以华丽感，暗色调、灰色调有朴素感（图3-21）。

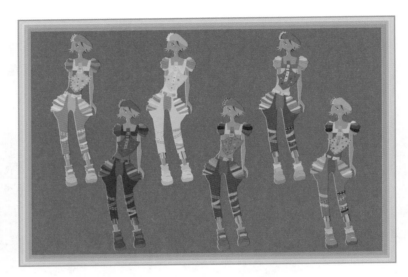

图 3-21　色彩的华丽与朴实

7. 色彩的淡雅与厚重

色彩的淡雅与厚重主要与色彩明度有关。高雅的色彩组合只会使用较高的明度色，如米色色调的亚麻、丝绸、羊毛和丝绒能带来淡雅温馨的感觉；淡蓝色、绿色能表现清新爽快的感觉。低明度、低纯度色彩有厚重感（图3-22）。

图 3-22　色彩的淡雅与厚重

8. 色彩的温馨与雅致

以橙色、黄色代表的暖色带来活力和永恒的温暖感。较高明度色的冷色可保持安宁、平和的感觉，如搭配出一些灰蓝色或淡蓝色的较高明度的色彩组合，就会制造出令人平和、恬静的效果（图3-23）。

图3-23　色彩的温馨与雅致

9. 色彩的快乐与忧伤

暖色调的高明度色彩有快乐的感觉，红橙色的色彩组合最能轻易创造出有活力、充满青春、朝气、活泼、顽皮的感觉。明度低、纯度低的色彩有忧伤感，如低沉之美的灰紫色有忧伤沉沦感（图3-24）。

图3-24　色彩的快乐与忧伤

10. 色彩的浪漫与古典

粉红色、淡紫色和桃红色彩会引起人的兴趣与快感，以比较柔和、宁静的方式展开浪漫。古典色彩是从那些具有历史意义传统的色彩组合那里仿来的，具有代表性或特殊意义。如蓝色、暗红色、褐色和绿色等保守的颜色加上了灰色或是加深了色彩，都可表达传统的主题。绿色，不管是纯色或是加上灰色的暗色，都象征财富（图3-25）。

图3-25　色彩的浪漫与古典

三、色彩的心理配色设计

1. 味觉

中国饮食文化讲究色香味俱全，其中色彩排在首位，色彩可以增进人们的食欲，味觉是指食物在人的口腔内对味觉器官化学感受系统的刺激并产生的一种感觉。不同的味觉产生有不同的味觉感受体，味觉感受体与呈味物质之间的作用力也不相同。从味觉的生理角度分类，传统上只有四种基本味觉：酸、甜、苦、咸，在四种基本味觉中，人对咸味的感觉最快，对苦味的感觉最慢，但就人对味觉的敏感性来讲，苦味比其他味觉都敏感，更容易被觉察。

酸，酸味是由氢离子刺激舌黏膜而引起的味感，使人联想到不成熟的果实，因此黄绿色和嫩绿色往往能传达出酸涩的联想感觉来。

甜，通常是指那种由糖引起的令人愉快的感觉。某些蛋白质和一些其他非糖类特殊物质也会引起甜味感。可以由淡红色、粉红色、淡赭色等明度高的色彩呈现，常与成熟果实、糕点等食物联系起来。

咸，是钠离子和钾离子所产生的刺激，它们关乎我们的电解质平衡。咸的味觉是高亮度的蓝色、冷灰色、暗灰色、白色联系起来，常会联想到大海与盐。

苦，则是奎宁等500多种化合物产生的刺激，它们往往意味着毒性，苦是一种成熟的品味，只有经历过了人间百味，才能体会苦中真味。以黑色、灰褐色为主，一般是低明度、低纯度的色彩，常会联想到咖啡、可可等（图3-26）。

图3-26　酸甜苦咸的色彩

2. 触觉

在烹饪学中，口感是指食物在人们口腔内，由触觉和咀嚼而产生的直接感受，是独立于味觉之外的另一种体验。口感一般包括食物的冷热程度和软硬程度两个基本方面：描述食物冷热程度的词语如温、凉、热、烫等；描述食物软硬程度的词语如软、糯、酥、滑、脆、嫩等。

辣，准确来说，辣味并不是一种味觉，而是一种痛觉。辣味是由辣椒中的辣椒素产生的，辣椒素能刺激我们的辣椒素受体，不是味觉。以红色和绿色这类的高纯度色彩为主，常会联想到红辣椒等辛辣的调味品。

涩，不是味觉，是食物成分刺激口腔，使蛋白质凝固时而产生的一种收敛感觉。以灰绿色、暗绿色这类的低纯度色彩为主，常会联想到未成熟的柿子（图3-27）。

图3-27　涩与辣的色彩

3. 嗅觉

色彩与嗅觉的关系大致与味觉相同，也是由生活联想而得。从花色联想到花香，根据试验心理学的报告：通常红色、黄色、橙色等的暖色系容易使人感到有香味，偏冷的浊色系容易使人感到有腐败的臭味。深褐色容易联想到烧焦了的食物，感到有蛋白质烤焦的臭味（图3-28）。

图3-28　脆、爽、香、腐的色彩

四、服饰配色范例

服饰配色范例如图3-29 ～图3-58所示。

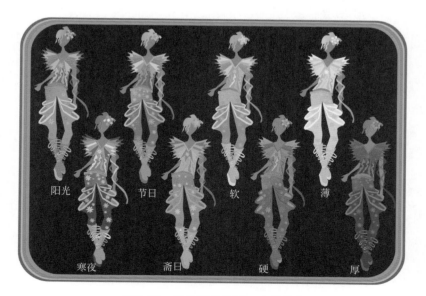

图3-29　服饰配色范例一（吴舰）

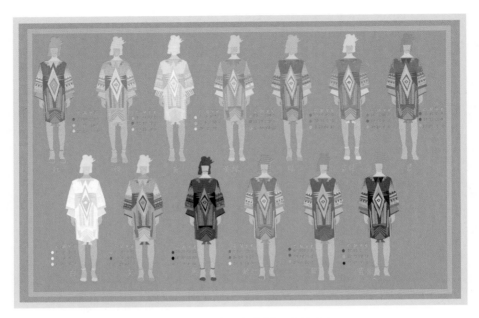

图 3-30　服饰配色范例二（刘琦）

图 3-31　服饰配色范例三（梅铧文）

图3-32　服饰配色范例四（梅铧文）

图3-33　服饰配色范例五（成玥宁）

图 3-34　服饰配色范例六（成玥宁）

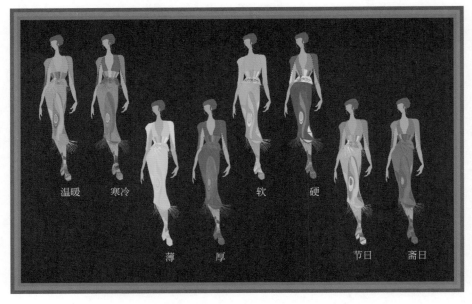

图 3-35　服饰配色范例七（韩凯文）

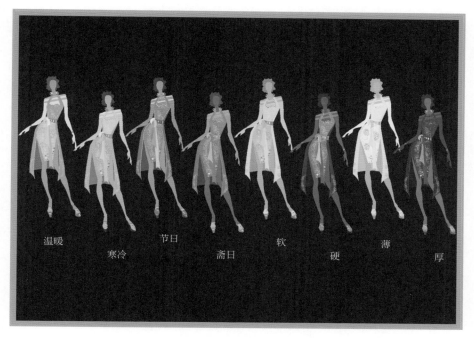

图3-36　服饰配色范例八（孔琪琪）

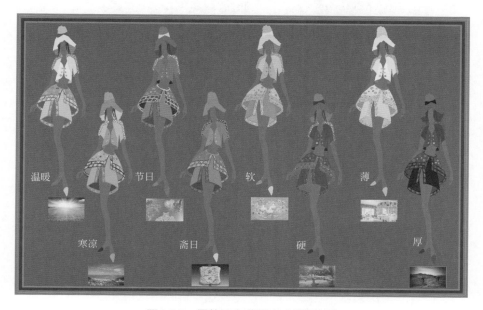

图3-37　服饰配色范例九（樊美妮）

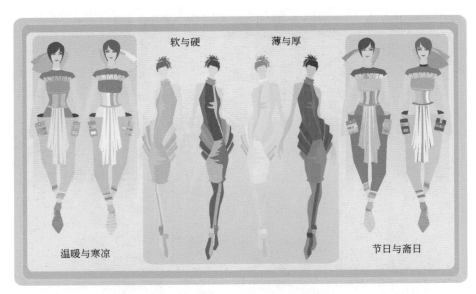

图 3-38　服饰配色范例十（王丹）

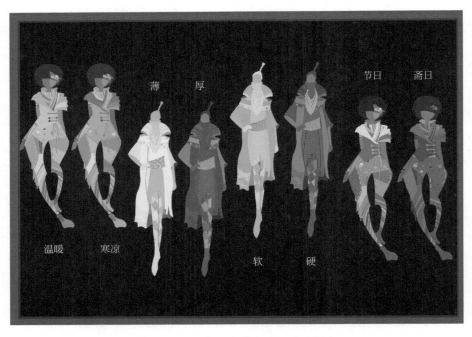

图 3-39　服饰配色范例十一（李娟）

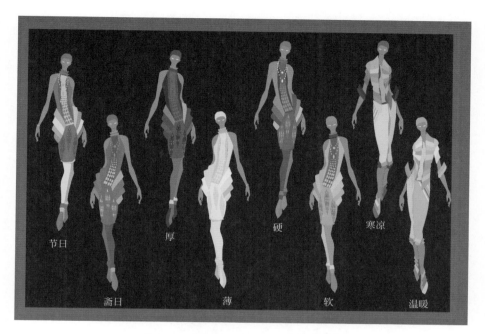

图3-40　服饰配色范例十二（张珍珍）

图3-41　服饰配色范例十三（嫁，闻春燕）

图3-42　服饰配色范例十四（中国味道，李宇航）

图3-43　服饰配色范例十五（笼中蔷薇，潘禹合）

图3-44　服饰配色范例十六（嫁，李萍）

图3-45　服饰配色范例十七（默·攻，贺晨亮）

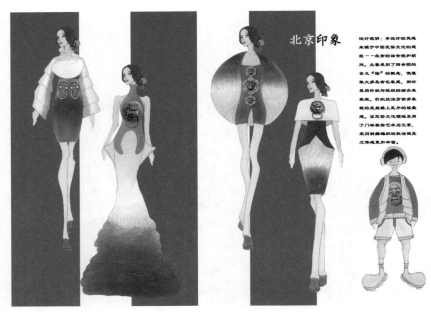

北京印象

设计说明：本设计的灵感来源于中国民俗文化的底蕴——北京的四合院中的院落。主要采用了四合院的含义"圆"的概念。线条采大多具有包来感，同时采用针织与梭织的结合来表现。针织纹络方面多采现的是墙壁上瓦片的错重感。在民俗文化领域采用了门环装饰艺术为元素，采用刺绣编织的装治使其立体感更加丰富。

图3-46　服饰配色范例十八（北京印象，赵宇）

图3-47　服饰配色范例十九（原野，刘璐璐）

图 3-48　服饰配色范例二十（刘璐璐）

图 3-49　服饰配色范例二十一（嫁衣，郭思兰）

图3-50　服饰配色范例二十二（依依荷影，姜鸿）

图3-51　服饰配色范例二十三（霍计颖）

图 3-52　服饰配色范例二十四（李忠亮）

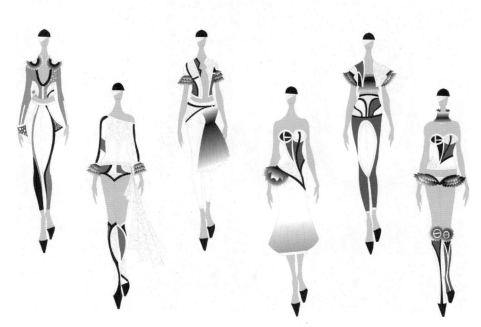

图 3-53　服饰配色范例二十五（邢稳）

图3-54　服饰配色范例二十六（黑白言，赵岩）

图3-55　服饰配色范例二十七（钟鹏飞）

图3-56　服饰配色范例二十八（增光，孙晓明）

图3-57　服饰配色范例二十九（谜图，孙晓明）

设计说明：本系列设计灵感来源于禅宗精神。无相，是在禅的"空寂"思想散发下的一种境界，为了营造出一种淡泊宁静，摆脱世俗欲念羁绊的"悟"境，从而使服装成为内心与精神自由的写照。

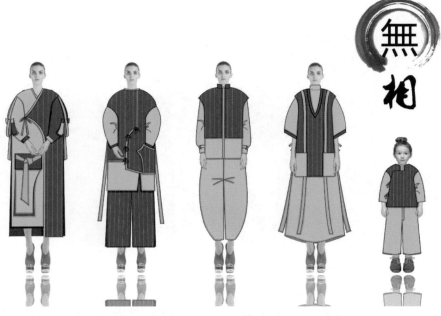

图3-58　服饰配色范例三十（无相，洪菲）

第四章
[色彩的联想与服饰配色设计]

一、色彩采集、归纳、应用
二、自然色彩联想配色
三、各民族文化联想配色
四、传统文化联想配色
五、服饰配色范例

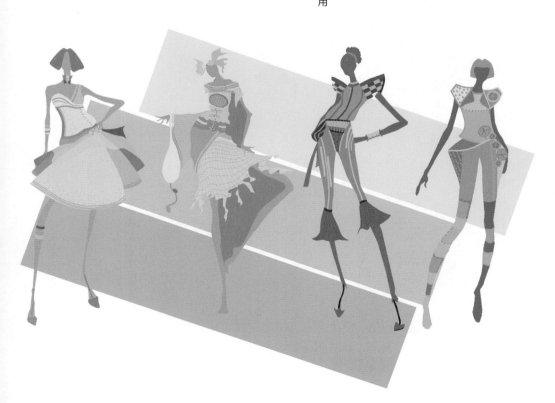

任何颜色都不是单独存在的，一个颜色是由色相、明度、纯度决定的，其视觉表现效果也是由多种因素来决定的，因此色立体只是一个了解色彩原理的色彩词典。对于服饰配色而言，色彩感觉和色彩灵感才是取之不尽的源泉。

配色素材一方面来源于变化万千的大自然中，以及可以从那些异国他乡的风土人情、各类文化艺术和艺术流派中猎取素材。另一方面可乞灵于古老的民族文化遗产，从一些原始的、古典的、传统的、民间的、少数民族的艺术中寻求灵感。

自然界中如树木、土石、云彩、朝霞、花草等能够发现客观物体对人们视觉、心理形成带有感情的色彩印象，都可成为色彩设计灵感的源泉。当我们将采集到的色彩直接或归纳后应用到服饰色彩设计时，这个再创造的过程是设计者对原物体进行研究、分析、探索后所创造的一种与之等效的色彩感性印象（图4-1、图4-2）。

图4-1　设计范例一（潘禹合）

图4-2　设计范例二（栾嘉奕）

一、色彩采集、归纳、应用

　　色彩采集是为了获得对色彩设计的灵感，主要方法是写生、摄影和临摹。

　　色彩归纳，可理解为对事物"高度"地概括。色彩采集的归纳和抽象的过程是极其复杂的，是在进行美的探索。这中间包含着创作者对美的愿望，对美的理解，同时也包含着创作者对事物的态度。

　　色彩采集归纳的结果是通过色彩色调的应用将原物象美的、新鲜的色彩元素注入到服饰色彩设计的结构体、新的环境中，使之产生新的生命。依据原物象的色彩感情、色彩风格进行的重构，重构后的色彩和色彩关系可能与原物象很接近，也可能有所出入，但始终保持其原色彩意境、情趣的方向不变（图4-3、图4-4）。

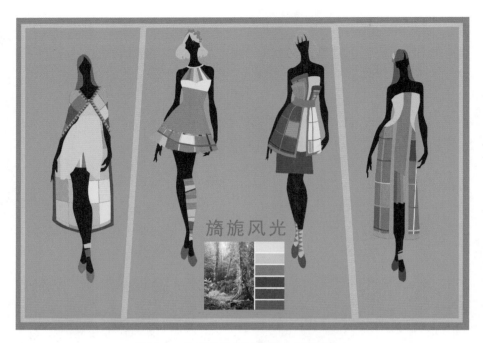

图4-3　色彩的采集与归纳一（丁思文）

图4-4　色彩的采集与归纳二（张晓蓓）

二、自然色彩联想配色

　　自然色彩是自然事物所具有的色彩，如天空、阳光、山、水、沙漠、草原等，能带来色彩空间的展延和博大。自然界中的颜色关系中，蕴藏着有趣的、奇妙的装饰效果，如四季色、动物色、植物色、土石色等，也是服饰色彩搭配设计中不可缺少的素材（图4-5）。

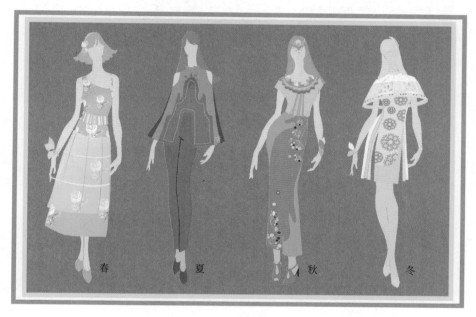

图4-5　自然色彩联想配色

1.四季色彩

　　一年有春、夏、秋、冬四个季节，黄绿色是春天的颜色，生命正在开始；太阳由温和逐渐变热后带来火红的夏天色彩，一切都是充满着热情与活力；金黄色是秋天的颜色，果实渐渐成熟后赐给人们诱人的香味，落叶与回忆在黄褐色中慢慢地沉淀；雪白是冬天的颜色，天上飘下羽翼般白色雪花，绽放出一片雪白的世界。四季带来不同的色彩也给人带来不同的心理感受（图4-6、图4-7）。

图4-6　四季色彩（一）（李芳莹）

图4-7　四季色彩（二）（杨婉昀）

（1）春天　春天是万物生长的季节，充满朝气。春天的空气有云霞、有水分，映入眼帘的多是经过空气层的明调中间色。黄绿色是强调春天特征的颜色。因为它能让人联想到植物发芽。黄色是最接近阳光的颜色，也是迎春花、油菜花的色彩，白色的玉兰花，粉红色、淡紫色的桃花、杏花、牡丹花和各种明亮的中间色，都能够表现春天大自然色彩的秩序与客观性（图4-8、图4-9）。

图4-8　春天（一）（洪菲）

图4-9　春天（二）（王瑞）

（2）夏天　夏天的太阳灿烂、强烈，给予自然界的一切生命以力量，是成长、充实、旺盛的时期。此时的自然界，无论是形状还是色彩都是最豪华的，充满了密度，洋溢着精气。色彩间多为高纯度色的色相对比，再以明度的长调对比、补色对比作为自然秩序的表示——光线与阴影的强烈对照是夏天的特征（图4-10～图4-12）。

图4-10　夏天（一）

图4-11　夏天（二）（刘璐璐）

图4-12　夏天（三）（于译翔）

（3）秋天　秋天的空气清澈而透明，是收获的季节。色彩多为柿子色、橘子色、苹果色、梨色、山果红色、葡萄色等。秋天的自然界很少有绿色，除常绿树木外，其他树木都变成红色、橙色、黄色和彩度低的棕褐色。落叶后的树木将收获的色彩强烈地映衬在清澄的秋天背景中，辉耀而又和谐，饱满而又丰富（图4-13）。

图4-13　秋天

（4）冬天　受雪与冰所支配的冬季的自然界，非常消极，色味少，到处布满灰色。但冬天里的梅花、水仙花、兰花、雪松、冰花、树挂、枯枝等也会使我们流连忘返，得到美的享受。透明而稀薄、略带蓝色调或灰色调的色彩是冬季色彩的特征（图4-14、图4-15）。

图4-14　冬天（一）（闫兵）

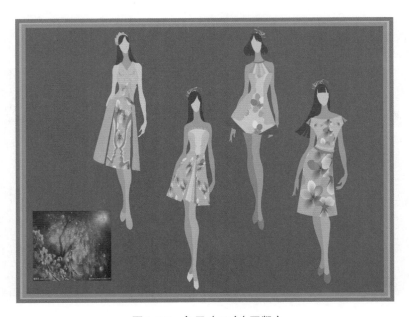

图4-15　冬天（二）（王凯）

2.动物色

在种类繁多的动物世界中，体表色彩可说是它们的重要特征之一。漂亮的翅膀及花斑的昆虫蝶类，羽毛颜色变化多端的鸟类，色泽惟妙惟肖的鱼类，体表毛密而具光泽、颜色各异的哺乳类等，这些生动、奇妙的色彩和色彩组合，加上不同肌理的表现，提供了一个学习和研究色彩的天然宝库（图4-16）。

图4-16　动物色（一）（张斯奥）

在多姿的动物色彩中，品种繁多的蝴蝶色彩尤其突出，有的艳丽，有的素雅，有的明快，有的沉着，真可谓是千变万化，它丰富、协调、多变，是一种美丽的色彩象征。深底色一般有黑色、灰褐色、暖褐色、蓝紫色、深绿色等，浅底色有白色、淡黄色、肉粉色、浅豆绿色等，中明度底色有钻蓝色、土黄色、黄褐色、草绿色等。作为主调色的底色，有的是单一色相或单一明度，有的是同类或邻近的两三种色相，或者是两种或三种相近的明度，远看效果很统一，近看则显得丰富并很有层次感（图4-17）。

图4-17　动物色（二）（李国锦）

3.植物色

　　植物中的不同形状的果实、树木、花朵等同样有着丰富迷人的色彩关系。如花朵首先映入眼帘的往往是总体的颜色、花冠和花序的形状，这些花色有的如火如荼，有的纯净脱俗，有的艳丽明艳，有的优雅妩媚。如黄色的迎春花、野菊花，白色的茉莉花、玉兰花，红色的美人蕉、一串红，粉红色的桃花、荷花，黄绿色的夜来香，淡紫色的丁香花，蓝紫色的凤尾兰，浅蓝色的勿忘我花等。如果仔细观察，就会从花瓣的形状与花色之间、花瓣上的纹脉与斑点之间、花瓣的正面与反面之间、花头与花托和花梗之间发现一些更为有趣的、丰富的、对比有序的色彩关系（图4-18、图4-19）。

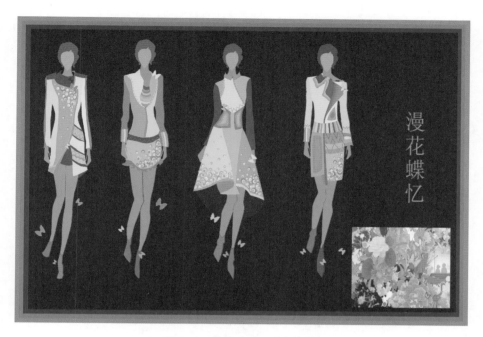

图4-18　植物色（一）（张喆）

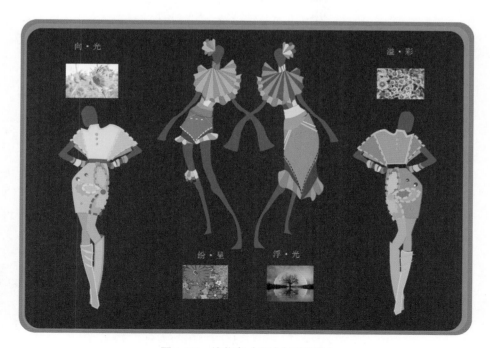

图4-19　植物色（二）（王翠翠）

4. 土石色

岩石色、泥土色、沙滩色、砂石色、礁石色等色彩巧自天成、丰富多彩。色彩有成熟稳重的中低明度的咖啡色系、青黑色系；冷暖交融的中明度、中纯度青灰色和铁锈红色；高明度、低纯度的姜黄色、豆青色、绿灰色、灰茶色等。这些或中明度或低纯度的色彩，呈现出多样的色彩个性美（图4-20）。

图4-20　土石色

三、各民族文化联想配色

世界各民族的服装是立足于各自的传统与历史的演进，吸收其他国家与民族的精华，从而形成了自身独特的服饰文化的。文化传统是由文化精神的规则、秩序、信仰构成。东西方民族各自不同的历史与文化，带来东方与西方在服饰上的差异。中国是由56个民族组成的，每个民族都具有独特的服饰文化，例如汉族、布依族、土家族、藏族等（图4-21～图4-26）。

图4-21　民族服饰（一）

图4-22　民族服饰（二）

图4-23　民族服饰（三）

图4-24　民族服饰（四）

图4-25 民族服饰（五）

图4-26 民族服饰（六）

1.汉族

汉服，又称汉衣冠，中国汉族的传统服饰，又称为汉装、华服，是从黄帝即位这四千多年中，以华夏礼仪文化为中心，通过历代汉人王朝推崇周礼、象天法地而形成千年不变的礼仪衣冠体系。讲究服饰色彩以正色为大，即青、赤、白、黑、黄五色。周代把象征东、南、西、北中的五色（青、赤、白、黑、黄）作为正色，把五色相生相克而来的文、章、黼、黻作为间色。正色为尊，间色为卑（图4-27）。

图4-27 汉族服饰

2.布依族

男女多喜欢穿蓝、青、黑、白等色布衣服。青壮年男子多包头巾，穿对襟短衣（或大襟长衣）和长裤。老年人大多穿对襟短衣或长衫。妇女的服饰各地不一，有的穿蓝黑色百褶长裙，有的喜欢在衣服上绣花，有的喜欢用白毛巾包头，带银质手镯、耳环、项圈等饰物。惠水、长顺一带女子穿大襟短衣和长裤，系绣花围兜，头裹家织格子布包帕。花溪一带少女衣裤上饰有"栏杆"花边，系围腰，戴头帕，辫子盘压头帕上。镇宁扁担山一带的妇女的上装为大襟短衣，下装百褶大筒裙，上衣的领口、盘肩、衣袖都镶有花边，裙料大都是用白底蓝花的蜡染布，她们习惯一次套穿几条裙子，系一条黑色镶花边的围腰带（图4-28）。

图4-28　布依族服饰

3.土家族

土家族是一个历史悠久的民族，土家族服饰用色大胆，男女衣服均喜欢以各色布缘边，并在领、袖、帽、靴上精绣各种花纹。在土家族人的心中，繁多的色彩中，红色则最受人青睐。红色有着热烈、鲜艳、醒目、祥和之感，因此喜红者诸多。

妇女穿着左襟大褂，滚两三道花边，衣袖比较宽大，下面穿镶边筒裤或八幅罗裙，喜欢佩戴各种金、银、玉质饰物。女子服装上同时并用翠绿、姜黄、朱红、玫红、天蓝、白、黑等色；土家族男子穿琵琶襟上衣，缠青丝头帕。男装也是翠绿、金黄、朱红、天蓝、群青、白、黑等色同时使用（图4-29）。

图 4-29　土家族服饰

4.藏族

　　藏族的服装主要是传统藏服，特点是长袖、宽腰、大襟。妇女冬穿长袖长袍，夏着无袖长袍，内穿各种颜色与花纹的衬衣，腰前系一块彩色花纹的围裙。藏族传统衣料中最有特色的女子前围腰，也常作为男袍的边缘装饰。这种犹如天上彩虹般色泽的图案，通常用大红、朱红、黄、柠檬黄、绿、深蓝、天蓝、白、紫等色，系在以棕色、紫红色、黑色、蓝色为主的服装上显得是那样明快艳丽，也突出了藏族同胞热烈豪放的性格和对生活的热爱。另外，女子爱裹红、绿色方巾，或是将辫子中夹以彩带盘在头上，形成一彩辫头箍（图4-30）。

5.彝族

　　妇女一般上身穿镶边或绣花的大襟右衽上衣，戴黑色包头、耳环，领口别有银排花。除小凉山和云南的彝族穿裙子外，其他地区的彝妇女都穿长裤，许多支系的女子长裤脚上还绣有精致的花边，已婚妇女的衣襟袖口、领口也都绣有精美多彩的花边，尤其是围腰上的刺绣更是光彩夺目。形似斗篷羊皮披毡，用羊毛织成，长至膝盖之下，下端缀有毛穗子，一般为深黑色。彝族少女15岁前，穿的是红白两色童裙，成人以后穿中段是黑色的青年姑

图4-30　藏族服饰

娘的拖地长裙。彝族男子多穿黑色窄袖且镶有花边的右开襟上衣，下着多褶
宽脚长裤，头顶留有约三寸长的头发一绺，汉语称为"天菩萨"，彝语称为
"子尔"。这是彝族男子显示神灵的方式，外面裹以长达丈余的青色或蓝色、
黑色包头（图4-31）。

图4-31　彝族服饰

6.哈尼族

哈尼族一般喜欢用自己染织的藏青色土布作衣料。男子穿对襟上衣和长裤，以黑布或白布裹头。妇女着无领右襟上衣，穿长裤，衣服的托肩、大襟、袖口、胸前和裤脚皆镶彩色花边。哈尼族以黑色为美、为庄重、为圣洁，将黑色视为吉祥色、生命色和保护色，所以，黑色是哈尼族服饰的主色调。哈尼族服饰上有很多装饰物品和刺绣图案，哈尼族服饰千姿百态、色彩斑斓，有100多种不同的款式（图4-32）。

图4-32　哈尼族服饰

7.傣族

男子的服饰差别不大，一般常穿无领对襟或大襟小袖短衫，下着长管裤，以白布、水红布或蓝布包头。西双版纳的傣族妇女上着各色紧身内衣，外罩紧无领窄袖短衫，下穿彩色筒裙，长及脚面，并用精美的银质腰带束裙；德宏一带的傣族妇女，一部分也穿大统裙短上衣，色彩艳丽，一部分则穿白色或其他浅色的大襟短衫，下着长裤，束一绣花围腰，婚后改穿对襟短衫和筒裙；新平、元江一带的"花腰傣"，上穿开襟短衫，着黑裙，裙上以彩色布条和银泡装饰，缀成各式图案，光彩耀目（图4-33）。

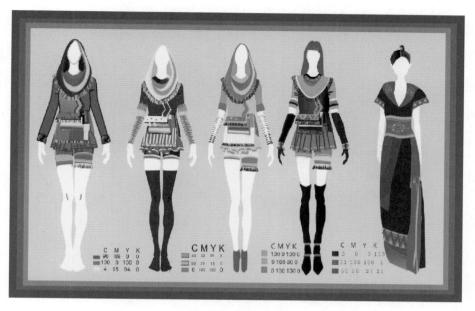

图4-33　傣族服饰

8.纳西族

纳西族妇女服饰中最具特点的是身后的七星羊皮披肩，披肩上并排钉着七个直径为2寸（1寸＝3.33厘米）左右的绣花圆布圈，每圈中有一对垂穗。纳西族民族服饰，衣着方面，上身着宽腰大袖的袍褂，前幅及膝，后幅及胫，前短后长，穿时将袖口卷起到肘部，外加坎肩，下穿长裤，系用黑、白、蓝等色棉布缝制的百褶围腰，从腰至膝，形如扇子，喜欢带蓝色帽子，足穿船形绣花鞋。在领、袖、襟等处绣有花边，朴素大方。由于纳西族受汉族的影响较深，男子服饰与汉族的基本相同，穿长袍马褂或对襟短衫，下着长裤（图4-34）。

9.苗族

苗族服饰丰富而多变，款式繁多、五彩的色泽、考究的染技和绣工。女子衣服的底色常用简单的靛蓝色、咖啡色和黑色，有效地衬托着衣上的刺绣、桃花、蜡染、编织等装饰。浓艳的纹饰色与深色衣底形成鲜明对比，再加上苗族人喜爱的银饰，显示出一种古老而朴实自然美（图4-35）。

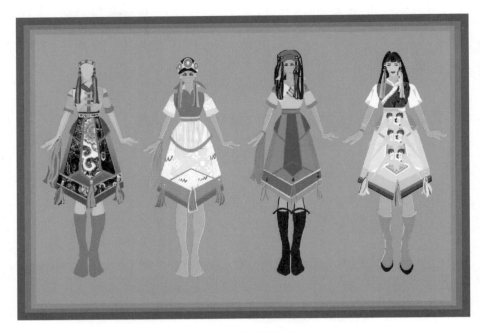

图 4-34　纳西族服饰

图 4-35　苗族服饰

四、传统文化联想配色

任何一种文化类型的产生，都离不开特定的自然条件和社会历史条件，在不同历史时期有不同的特点。如"汉承秦制"，秦朝和汉朝是中国制度文化的成熟期，秦汉形成了完整的帝制时代的政治制度的架构；隋唐是多元繁荣的文化，跟四面八方的文化都建立了广泛的联系；宋学把中国思想推向了一个高峰，既承继了先秦以来的孔孟儒家思想，又吸收了佛教、道家的思想，形成了中国文化史上的思想大汇流。

所谓传统色，是指一个民族世代相传的、在各类艺术中具有代表性的色彩特征，如彩陶色、青铜色、漆器色、唐三彩、青花色、古彩色等（图4-36）。

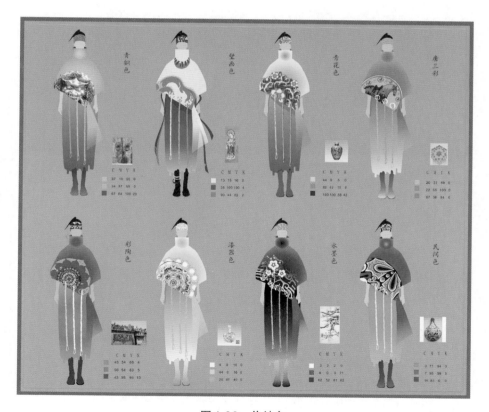

图4-36　传统色

1.彩陶色

彩陶是我国新石器时代出土的一种绘有黑色和红色纹饰的无釉陶器。彩陶色彩主要是赤红色、墨黑色、土黄色。其次，粉白色和青蓝色也有局部的使用。彩陶艺术风格古朴而粗犷，色彩单纯并以少胜多（图4-37）。

图4-37　彩陶色

2.青铜色

青铜是先秦时期用铜锡合金制作的器物，包括兵器、工具、酒具、乐器、铜镜、车马饰等，色彩表现为材料的固有色泽美。青铜器质地厚重坚硬，形体以方为主，方圆结合，色泽质朴沉着，纹饰雄劲刚健（图4-38）。

3.漆器色

漆器工艺在战国时代已应用得相当广泛，它的色彩以黑、朱两色为主，大多数是在黑漆地上描绘粗细不同的朱红花纹，也有的再加描黄色漆、金银色或间以灰绿、白等色。漆器的色彩风格鲜明、热烈、温暖、庄重、富贵（图4-39）。

图4-38　青铜色

图4-39　漆器色

4.唐三彩

　　唐三彩因最初的基调是白、黄、绿色，因而得名，但并不只限于这三种
釉色。其色彩鲜明而饱满，丰富而华丽（图4-40）。

图4-40　唐三彩

5. 青花色

青花是传统陶瓷釉下彩绘装饰，以景德镇为代表。青花色彩主要是青、白两色，其装饰特点为一色多变，近似墨分五色，使形象有浓淡的淋漓变化。运用写意手法，图案的笔墨、气韵、意境和陶瓷装饰紧密结合，或白底青花，或青底白花，形象精练，色彩单纯清爽，呈现典雅的艺术美感（图4-41）。

图4-41　青花色

6.水墨色

水墨是中国绘画中最具代表性的一种绘画方式，即以无彩色的黑、白、灰为基色，加上适量有彩色的绘画。墨具五色，墨与水的结合使黑色显现出焦、浓、重、淡、清的色彩层次，在表现物象的体积、质感、空间感、意境和色泽明暗等方面有着不可比拟的造型功力（图4-42）。

图4-42　水墨色

7.壁画色

壁画包括墓室壁画、石窟壁画、寺观壁画。壁画是在墙上作画，其性质决定了壁画的画风与色彩效果极为粗犷、有力。色相的运用增多，有黑、赫、黄、大红、朱红、石青、石绿等，色彩亮丽而优雅，加入金、银、铅粉等，使之更加华丽而浓艳、豪迈而奔放（图4-43）。

8.民间艺术色

民间艺术作品上呈现的色彩和色彩感觉。像年画、扎染、蜡染、剪纸、刺绣、绢绫、彩塑等。这是一类流传于民间的装饰色彩，具有粗犷、稚拙、乡土气息浓郁的特点，是我国传统的手工技艺，具有或粗犷或精致优雅特色的浓郁的东方特色（图4-44）。

图4-43　壁画色

图4-44　民间艺术色

五、服饰配色范例

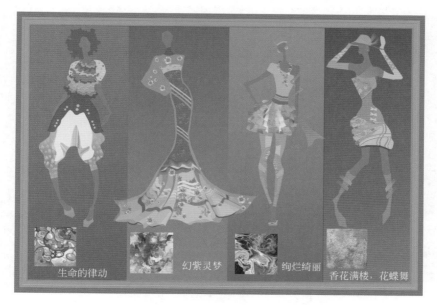

图4-45　服饰配色范例一（郭双玲）

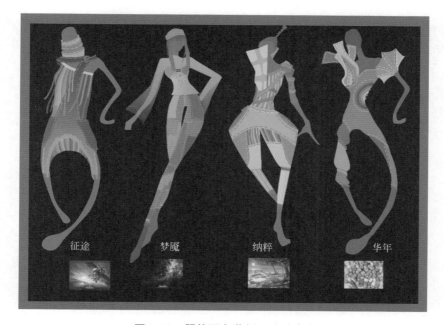

图4-46　服饰配色范例二（才睿）

图4-47 服饰配色范例三（胡雅雯）

图4-48 服饰配色范例四（李宇航）

图4-49　服饰配色范例五（王懿敏）

图4-50　服饰配色范例六（成玥宁）

图 4-51　服饰配色范例七（张晓敏）

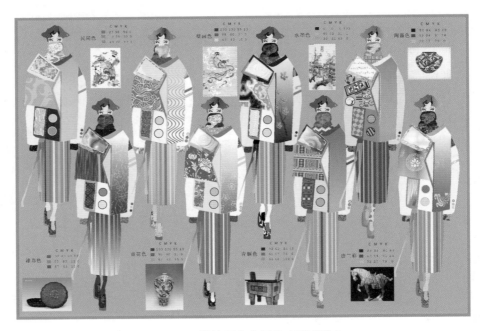

图 4-52　服饰配色范例八（张晓敏）

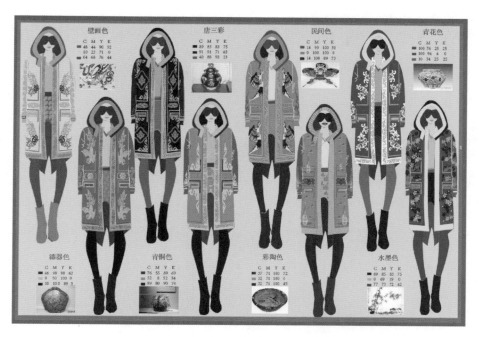

图4-53　服饰配色范例九（张珊）

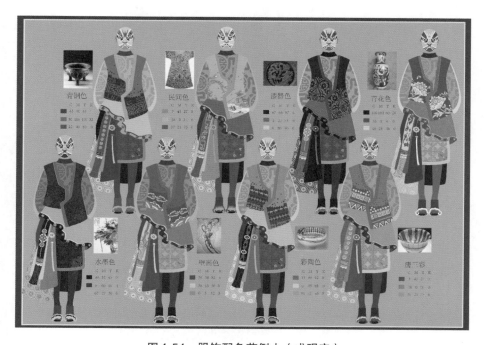

图4-54　服饰配色范例十（成玥宁）

第五章
[服装设计风格与主题配色设计]

一、服装设计的特性与审美

服装设计作为一门综合性的实用艺术，具有一般实用艺术的共性，设计创作是设计师思想的产物。设计首先是一个总体的概念，包括主题思想、流行趋势、风格特点等。

服装设计的目的是美化和装饰人体、表现人的个性与气质。满足着衣功能的同时按照扬长避短的原则，用服装与饰物来美化衣着者的形态。服装设计的定位是对穿衣人进行研究，对不同的年龄、职业、社会地位、文化教养、生活习俗的人们进行系统的归纳分析。设计师在设计主题的指导下，依照各自的认识水平和艺术修养进行款式、色彩、面料和图案的创新探索设计。服装样式的千变万化，服装流行的无穷更新，正是人们审美心理与时髦心理的反映与寄托。

服装审美的基调在于多样化的统一，内容丰富而有条理的整体美，即变化而统一、对比而协调。服装的形态、品种、用途、制作方法不同，各类服装亦表现出不同的风格与特色（图5-1、图5-2）。

图5-1　万花彩影迷人眼（郭思兰）

Feminism

女权主义

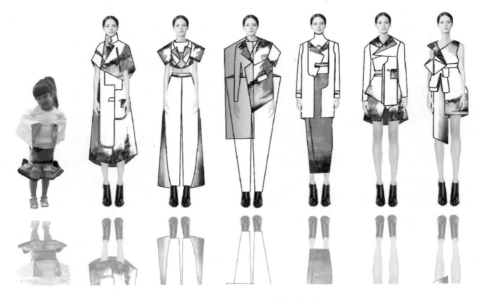

图5-2　女权主义（曹芷嘉）

二、服装风格配色设计

服装是以人体为依据，它被设计师们称为人的第二肌肤。无论是传统的服装或是现代的服装，不同种类的服装纵然有千变万化，但它们都必须具备服装的基本穿用形式。服装设计的个人风格是在时代风格、民族风格的前提下形成的；而时代风格、民族风格又是在一定历史时期中，由个人风格聚集而成的。

1.传统高贵典雅风格

一种源自欧洲工业革命并流行于现代社会的"上班族"传统装束。男装、女装有约定俗成的样式搭配。通常这类服装具有严肃、典雅、拘谨、高贵等风格。

传统的色彩组合常常是从那些具有历史意义的色彩中效仿来的，如蓝色、暗红色、褐色和绿色等颜色加上了灰色或深色，都可表达传统的主题。

纯绿色或是加上灰色的暗绿色，都象征财富，搭配金色、暗红色或黑色会呈现出历史的沉稳。古典的色彩组合带有势力与权威的意味，强烈的宝蓝色在古典色彩组合中间起装饰色作用，会唤起人持久、稳定与力量的感觉，特别是和它的补色红橙色和黄橙色搭配在一起时效果更突出。古典的色彩组合还表示真理、责任与信赖（图5-3）。

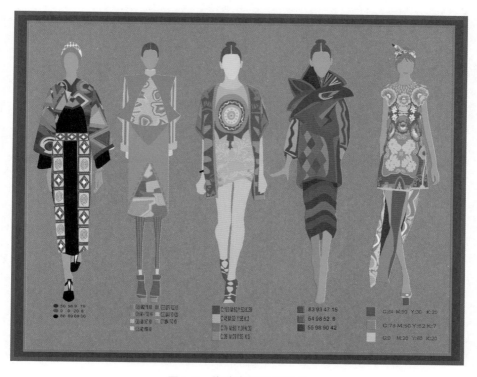

图5-3　传统高贵典雅风格

2.都市浪漫柔美风格

具有现代大都市生活方式的典雅、浪漫的风格，色彩素雅沉着，品味或端庄、俏皮或活泼，通常线条简练，装饰得体。

高雅的色彩组合一般使用最淡的高明度色，是以比较柔和、宁静的方式进行。与白色混合后的高明度亮黄色、橙色带来更温馨的感觉。与白色混合后的高明度的粉红色代表浪漫，粉红色会引起人的兴趣与快感；淡紫色和桃红色，也会令人觉得柔和、典雅（图5-4）。

图5-4　都市浪漫柔美风格

3.休闲潇洒风格

这是20世纪末以来的流行潮，摆脱传统拘谨、严肃的服装样式和相对沉闷单调的色彩的服装风格。款式多样，设计的线条活泼，细部丰富俏皮，色彩多变，艳色与素雅色彩并存，给人一种轻松、样和的感觉。

休闲装是不同于正装的服装，所以要设计出柔和的色彩组合时，一般使用没有高度对比的明色。灰蓝色或淡蓝色的明色色彩组合搭配，会制造出令人平和、恬静的气氛。高明色的寒色可保持安宁、平和的感觉，如淡蓝色的配色设计，会给人安心的感觉（图5-5）。

4.民族田园风格

以传统织物、纹样、图案为素材，通常以棉布、麻布的自然花卉图案的连衣裙为典型代表，具有一种平静可爱的风格，感受到传统的温馨。

色彩搭配讲究柔和，低沉之美，任何颜色加上少许的灰色或白色，都能表达出的柔和之美，如灰蓝色、灰绿色等灰调子色彩。若搭配上补色或比原色更突出的颜色，柔和之美的颜色顿时生意盎然。在紫色系中，淡紫色比起粉色较精致，任何色彩搭配淡紫色，都能展现怀旧思古之情。至高明和中低混度的色彩组合可散发出祥和、宁静的气息（图5-6）。

图5-5　休闲潇洒风格

图5-6　民族田园风格

5. 前卫风格

通常以一些大胆新奇，甚至怪异的设计为目的，用色大胆不拘一格。

色彩搭配上，鲜艳的红色或是它的色系，无论明度高低都能展现活力与热忱。红橙色的色彩组合最能轻易创造出有活力、充满温暖的感觉，展示精力充沛的个性与生活方式。红橙色与它的补色蓝绿色搭配组合起来，具有亲近、随和、活泼的效果。紫色透露着诡异的气息，能制造奇幻的效果，各种彩度与明度的紫色，配上橘色或绿色，产生出刺激与新奇的效果。高明度黄绿色，色彩醒目，也适合应用在青春有活力且不寻常的服饰上（图5-7）。

图5-7　前卫风格

6. 运动风格

运动装是适用于专业运动的功能服装，运动类服装作为日常服装使用所追求的风格能给人一种年轻、朝气、轻松的感觉。

在色彩应用上，鲜艳的色彩组合中通常使用黄色，产生出活力和永恒的动感。当黄色加入了白色，会产生出格外耀眼的视觉效果。在强对比的配色设计中，黄色和它的补色紫色，就含有活力和行动的意味。表达活力的色彩还有红紫色，它也是运动的象征色，红紫色搭配它的补色黄绿色，能表达精力充沛的气息。强烈、大胆、极端的红色是力量来源，象征人类最激烈的情感，适用运动风格服饰的用色（图5-8）。

图5-8　运动风格

三、肤色与服饰色彩搭配设计

1.肤色黝黑

皮肤黝黑的人们的服饰色彩宜配暖色调的弱饱和色，也可以搭配纯黑色，以绿色、红色和紫罗兰色作为补充颜色。可选择黑白灰三种颜色作为调和色，主色可以选择浅棕色。此外，略带浅蓝色、深灰色、黑色，搭配鲜红色、白灰色。搭配黄棕色或黄灰色的服饰，脸色就会显得明亮一些，绿灰色可以使肤色显得红润一些（图5-9）。

图5-9　黝黑肤色适宜的色彩搭配

2.肤色白皙

肤色白皙搭配淡黄色、淡蓝色、粉红色、粉绿色等淡色系列的服装，会显得格外青春，柔和甜美，使用大红色、深蓝色、深灰色等深色系列，会衬托出肤色更为白净、鲜明。配色上适合蓝色、黄色、浅橙黄色、淡玫瑰色、浅绿色一类的浅色调。如果肤色太白，或者偏青色，则不宜穿冷色调。否则会越加突出脸色的苍白，甚至面容会显得呈病态（图5-10）。

图5-10　白皙肤色适宜的色彩搭配

3.肤色偏黄

肤色偏黄，适合穿蓝色或浅蓝色的上装，它能衬托出皮肤洁白娇嫩。也适合粉色、橘色等暖色调。尽量少穿绿色或灰色调的衣服，会使皮肤显得更黄甚至会显出"病容"，品蓝色和紫色上也不适合（图5-11）。

图5-11　偏黄肤色适宜的色彩搭配

4.小麦肤色

黑白两色的强烈对比很适合小麦肤色，深蓝色、炭灰色等低沉的色彩，深红色、翠绿色等色彩也能很好地突出其开朗的个性。不适合穿茶绿色、墨绿色，因为与肤色的反差太大（图5-12）。

5.肤色红嫩

肤色红嫩可采用非常淡的丁香色和黄色，也可以用淡咖啡色搭配蓝紫色、黄棕色配蓝紫色或红棕色配蓝绿色等。面色红润，头发黑的人，宜采用中纯度和暖色作为衣服的主色，也可采用淡棕黄色、黑色加有彩色，用以陪衬健美的肤色（图5-13）。

图5-12　小麦肤色适宜的色彩搭配

图5-13　红嫩肤色适宜的色彩搭配

四、形体色彩搭配

1.H形体型

肩部与臀部的宽度接近，特征是直线条，腰部不明显，整体上缺少曲线变化。

在色彩搭配上，可以通过颈部、臀部，和下摆线上的色彩细节，来转换对腰部曲线的注视，同时也可以采用色彩较强的对比造成视觉差形成的视觉错误，掩饰形体的缺陷，从而给人以修长、洒脱、轻盈之感；肥胖型的人，腰带处不宜使用跳跃、强烈的色彩，以减少对腰部注意的视线（图5-14）。

图5-14　H形体型适宜的色彩搭配

2.O形体型

最突出的体型特点为圆圆的肚子，一般O形体型的人都较为肥胖。

色彩搭配上以深色系为主，宜采用同色系或内浅外深的搭配，适合深色、冷色系色彩搭配。不宜搭配色彩鲜艳或大花图案等服饰。冬天不宜采用浅色，夏天不宜用暖色、艳色或太浅的色彩（图5-15）。

图5-15　O形体型适宜搭配

3.V形体型

对于男性来说，这是最标准，最健美的体型。然而对于女性来说，这种肩部宽，胸部丰满的体型会显得人矮，身上有一种沉重感。

色彩搭配上，最好用暗灰色调或冷色调，上身的视觉上显得小些，也可以用无彩色来表现。上衣不宜选择艳色、暖色和亮色（图5-16）。

图5-16　V形体型适宜搭配

4.A形体型

一般胸部较瘦肩窄，臀部过于丰满，大腿粗壮，下身显得沉重。

配色技巧上可采用色彩鲜艳的上身，将视线引向腰以上的部分，显得身材苗条，下身服饰色彩反差大些，视觉效果上体型均匀，转移视线就会显得体型优美、丰满（图5-17）。

图5-17　A形体型适宜搭配

五、色彩属性搭配设计

四季色彩属性的理论是由美国的卡洛尔·杰克逊女士提出的，后由佐藤泰子女士引入日本，应研制成适合亚洲人的颜色体系。根据人的肤色、发色、瞳孔色等人体色与色彩科学对应分析和分类，形成和谐搭配的规律。主要的内容是把生活中的常用色彩按基调的不同进行冷暖、明度、纯度划分，形成了与大自然中四季的色彩特征对应的春、夏、秋、冬四种色彩体系。以此设计出最合适的色彩群体与之相符合的色彩搭配方式。

1.春季型

春季型人肤色白皙红润，眼睛呈明亮的茶色、黄玉色或琥珀色，眼白呈湖蓝色，瞳孔呈棕色、柔和的黄色或浅棕色，桃红色的自然唇色较突出。

　　春季型属于暖色、中高明度色彩群。如春天般富有生机、活跃、青春，充满朝气和活力。适合鲜艳明亮的色彩群，在用色时以明亮、温暖亮丽为主，用较深的蓝色或棕色来代替黑色。蓝色要选择有光泽感的色调，与暖灰、黄色系相配效果最佳；棕色系比较适合春季型人在秋冬季节使用，与浅绿松石色或清金色相配效果最佳；用浅暖灰色和中暖灰色等有光泽感、带有明亮感的灰色，与桃粉色、浅水蓝色、奶黄色相配效果最佳；选择红色系时最好偏橙色、橘色；选择紫色时，要尽量挑选带有黄色调感觉的紫色（图5-18）。

图5-18　适宜春季的色彩搭配

2.夏季型

　　夏季型人的肤色是柔和的米色、小麦色、健康色、褐色，脸上呈现玫瑰粉色的红晕，眼珠呈现深棕色、玫瑰棕色，轻柔的黑色、灰黑色、棕色或深棕色毛发及嘴唇紫色或粉色。

夏季型属于冷色、中高明度淡雅的色彩，适合轻柔淡雅的色彩群，在用色时定要以清新、雅致为主，可以用深灰蓝色、蓝灰色、深酒红色、紫罗兰色较深的色彩替代黑色和藏蓝色。不同深浅的灰蓝色、蓝灰色与不同深浅的紫色、粉色搭配显得高雅；乳白色、淡蓝色、淡粉色、浅葡萄紫色、紫色等浅淡色色彩都是夏天的主要色彩；秋冬使用蓝色系能衬托出夏季型人的雅致感（图5-19）。

图5-19　适宜夏季的色彩搭配

3.秋季型

秋季型人的皮肤是带有瓷器般光滑的象牙色，深浅不一，暖意的高明度象牙色皮肤属浅秋型，还有明度偏低的象牙色及少量的金棕色皮肤的深秋型。秋季型人的面色温暖，头发是深棕色、焦茶色与黑色，眼白为象牙色或略带绿色，眉毛是褐色、棕色，巧克力色瞳孔显得眼神很稳重。嘴唇略泛白或为深紫色。

秋季型属于暖色、中低明度深沉的色彩群，总体色彩较浑厚。色彩搭配设计上，以金色调为主，金色能使秋季型人显得格外华丽。深棕色、咖啡棕色和橄榄绿色都是用来取代黑色和藏蓝色的，白色则应是牡蛎色。棕色配橙色系可表现活力；驼色系既可同橙色系相配，也可与米色、象牙色搭配（图5-20）。

图5-20　适宜秋季的色彩搭配

4.冬季型

冬天的大自然笼罩在一片黑白的对比之中，冬季型属冷色系，肤色偏白、偏青色，脸上没有红晕，眼球亮黑、深棕色、眼白呈冷白色，头发带黑褐色、深灰色，嘴唇呈深紫色或冷粉色。

冬季型属于冷色、中低明度色调。色彩搭配设计上，适合使用无彩色黑、白、灰，藏蓝色也是冬季型人的专利色。黑色与柠檬黄色相配为最佳，炭灰色可以与玫瑰色相配，或浅灰色与亮粉色相配；绿色系适合与白色、暖粉色、蓝色、柠檬黄色等搭配，亮绿色是用来与低明度的色彩搭配，色感较活跃；也可使用红色系中的深紫红色、酒红色（图5-21）。

C	M	Y	K
0	0	0	0
20	40	0	0
100	0	0	0
20	0	0	20

C	M	Y	K
0	0	0	0
0	0	0	20
20	0	0	40

C	M	Y	K
20	4	2	0

C	M	Y	K
0	0	0	0
11	10	7	0
24	26	25	0

图5-21　适宜冬季的色彩搭配

六、色彩嗜好与流行色

　　每个人对色彩的喜好都会存在或多或少的差别，这种差别一方面受社会环境的影响；另一方面是由个人的状况如性别、年龄、职业、教育、宗教等诸多因素决定的。

　　尽管色彩嗜好存有个人的差异，但从相对色彩象征的特殊性来讲，色彩的喜好也能在某一范围内存在共性的因素，如无彩色系列和米色系列的色彩男女都喜欢，一般男人喜好蓝色、绿色系，女人喜欢红色、紫色系，知识分子喜欢含蓄的低纯度色，等等。从色彩嗜好与性格的关系看，一般认为喜欢红色的人感情外露；喜欢绿色是理性而朴素的人；喜欢蓝色的人具有浪漫性格且注重精神生活。色彩嗜好的另一个重要特征是其具有很强的时间性与社会性，即随着时间的变化、社会风气的影响而变化。这种个人色彩嗜好向社会群体妥协并转而追逐大众潮流的现象普遍，由此就产生了流行色。

　　所谓流行色，是指在一定的时期和地区内，被大多数人所喜爱或采纳的几种或几组时髦的色彩，亦即合乎时尚的颜色。它是一定时期、一定社会的政治、经济、文化、环境和人们心理活动等因素的综合产物。流行色的演变为5～7年，可分为始发期、上升期、高潮期和消退期等四个时期。发达国家的变化周期快，发展中国家变化周期慢，某些贫困、落后的国家和地区甚至没有明显的变化。

在对流行色周期进行研究和分析时，应关注色相趋势、明度趋势、纯度趋势、冷暖趋势等基本要素。一般而言，大众化品牌色彩搭配设计，多使用有彩色系的搭配。色彩搭配组合比较复杂，多用明度偏高、纯度较低的色彩搭配。高端品牌的色彩搭配，多用无彩色，如黑、白、灰、金、银，使用明度偏低，与纯度较高的有彩色搭配。色彩搭配组合简洁利落，大方稳定。

七、服饰配色范例

服饰配色范例如图5-22～图5-32所示。

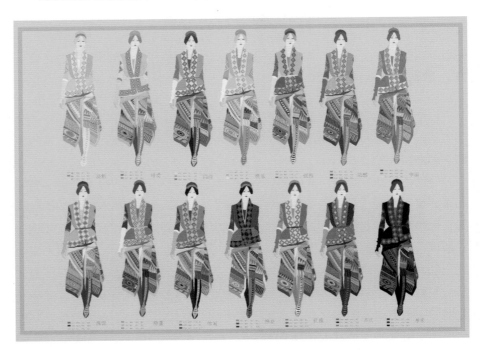

图5-22　服饰配色范例一（高歌）

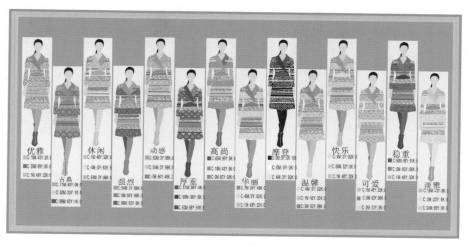

图5-23　服饰配色范例二（郭永超）

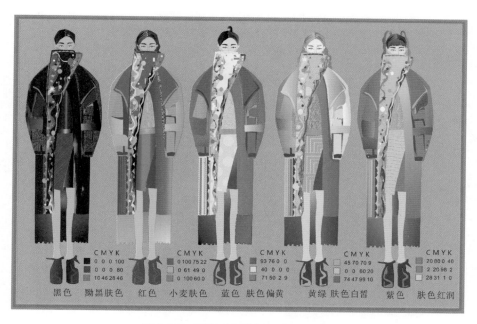

图5-24　服饰配色范例三（宋子静）

图5-25　服饰配色范例四（王春）

图5-26　服饰配色范例五（屈昕）

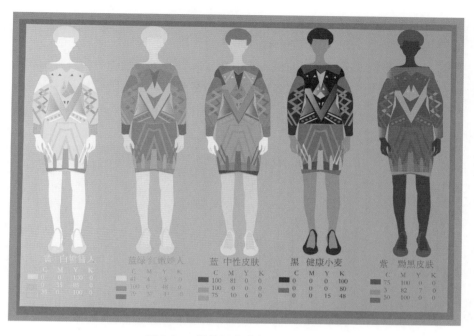

图 5-27　服饰配色范例六（张珊）

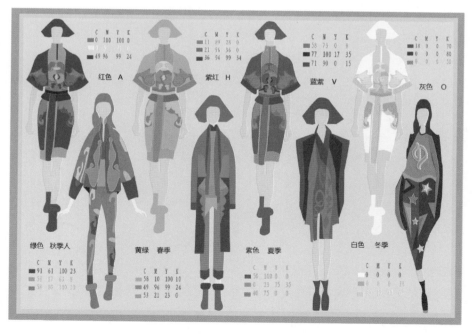

图 5-28　服饰配色范例七（王春）

图5-29　服饰配色范例八（屈昕）

图5-30　服饰配色范例九（刘欣欣）

图5-31　服饰配色范例十（高歌）

图5-32　服饰配色范例十一（乔羽）